石油高等院校特色规划教材

地震波吸收的观测、估算与补偿

李国发　马　雄　熊金良　著

翟桐立　左黄金　主审

U0349823

石 油 工 业 出 版 社

内 容 提 要

本书系统介绍了黏弹性介质地震波吸收的观测、估算和补偿方法。全书共分 7 章，第 1 章讲述了地震波吸收的物理机理和数学模型，第 2 章和第 3 章讲述了地震波吸收的野外观测和估算方法，第 4 章至第 7 章讲述了地震波吸收的补偿方法。

本书可作为石油高等院校研究生和高年级本科生的专业教材，也可供从事地球物理勘探工作的技术人员和高等院校相关专业的师生阅读参考。

图书在版编目（CIP）数据

地震波吸收的观测、估算与补偿/李国发，马雄，
熊金良著 . —北京：石油工业出版社，2022.10
石油高等院校特色规划教材
ISBN 978－7－5183－5582－2

Ⅰ.①地… Ⅱ.①李…②马…③熊… Ⅲ.①地震勘探-高等学校-教材 Ⅳ.①P631.4

中国版本图书馆 CIP 数据核字（2022）第 169135 号

出版发行：石油工业出版社
（北京市朝阳区安华里 2 区 1 号楼 100011）
网 址：www.petropub.com
编辑部：(010)64523579
图书营销中心：(010)64523633 (010)64523731
经 销：全国新华书店
排 版：三河市聚拓图文制作有限公司
印 刷：北京中石油彩色印刷有限责任公司

2022 年 10 月第 1 版 2022 年 10 月第 1 次印刷
787 毫米×1092 毫米 开本：1/16 印张：10.5
字数：184 千字

定价：39.90 元
（如发现印装质量问题，我社图书营销中心负责调换）

前言

实际地层多为黏弹性介质。地震波在黏弹性介质中的吸收衰减和速度频散严重降低了地震信号的分辨率和成像精度。地层吸收及其补偿问题的研究在高分辨率地震勘探中具有非常重要的作用。

地层速度和品质因子 Q 是高分辨率地震成像的两个关键参数。速度估算所依据的是地震波走时信息，Q 估算所依据的是地震波的频率信息。与走时信息相比，频率信息更容易受到激发因素、耦合因素、波场干涉、地震噪声等因素的干扰。人们很难从地震记录中拾取或者分离出只有地层吸收影响的孤立信号，因此，地层吸收的观测和反演是一项非常基础又颇具挑战性的研究工作。

地震波在黏弹性介质传播过程中，其振幅按照指数函数进行衰减，且频率越高，衰减越大。与之对应，反 Q 滤波是对地震波的振幅进行指数放大的过程，这一过程存在强烈的不稳定性和对高频噪声的放大效应。将速度模型和吸收模型同时引入黏弹性波动方程，在偏移成像的过程中考虑并消除地层吸收的影响，这是一个在理论上顺理成章、在应用上极具诱惑力的想法。但是，黏弹性偏移同样遇到了高频噪声放大的问题。如何有效地抑制和消除噪声干扰对地震信号高频恢复的影响，是地层吸收补偿的重要研究内容。

笔者一直为勘查技术与工程专业的本科生和地质资源与地质工程专业的研究生讲授"地震资料数字处理"课程，也曾为勘查技术与工程专业的本科生讲授"地震勘探原理"课程，为地质资源与地质工程专业的研究生讲授"地震偏移与成像"课程。在这些课程的讲授过程中，都会涉及一些与地层吸收及其补偿有关的内容。特别是在讲授"地震分辨率"这部分内容的时候，地层吸收及其补偿是非常重要的授课内容。正是在这些课程的讲授过程中，才逐渐产生了将这些内容进行梳理和总结，并结合自己的科研工作，编写一本专业教材的想法。

本教材是在中国石油大学（北京）与中国石油天然气股份有限公司大港油田分公司多年科研合作的基础上沉淀和凝练的研究成果，由中国石油大学（北京）李国发、长江大学马雄、中国石油天然气股份有限公司大港油田分公司熊金良著，由中国石油天然气股份有限公司大港油田分公司翟桐立、中国石油集团东方地球物理勘探有限责任公司研究院大港分院左黄金主审。大港油田祝文亮、翟桐立、蔡爱兵、刘思源、薛广建、刘进平等多位技术专家对本书所涉及的研究工作给予了大力支持和帮助。李国发教授的博士研究生马雄、李皓、张思超以及硕士研究生张小明、刘滋、林旭光、黄伟、郑浩、王明超、魏吉贞、王佳兴、丁禹行、梁伽福等均将地震波吸收作为学位论文的主要研究方向，从不同侧面就本书涉及的内容进行研究和探讨。在本书内容的研究和编写过程中，中国石油大学（北京）王尚旭、周辉、宋炜等多名教授提出了很多宝贵的意见和建议，谨向他们表示衷心的感谢。

本书的研究内容得到了国家自然科学基金面上项目（42074141）、中国石油天然气集团有限公司科学研究与技术开发项目（2022DQ0604）、中国石油天然气集团有限公司与中国石油大学（北京）战略合作科技专项（ZLZX2020-03）的支持和资助。

黏弹性介质地震波衰减和补偿既是地球物理领域的经典研究内容，也是新认识、新理论和新方法不断涌现的热点领域。由于笔者能力所限，书中一定存在诸多不妥之处，恳请广大读者批评指正。

著者

2022 年 8 月

目录

第 1 章　黏弹性介质中的地震波 ··· 1

1.1　品质因子 Q 的数学定义 ··· 1

1.2　黏弹性介质吸收衰减模型 ··· 4

1.3　双相介质吸收衰减理论 ··· 21

思考题和习题 ··· 26

第 2 章　近地表吸收结构观测与反演方法 ······································· 28

2.1　近地表吸收结构观测方法 ··· 28

2.2　近地表吸收结构反演方法 ··· 34

2.3　影响因素分析 ··· 43

思考题和习题 ··· 51

第 3 章　地下吸收结构观测与反演方法 ··· 52

3.1　VSP 观测吸收结构反演 ··· 52

3.2　地面观测吸收结构反演 ··· 64

3.3　散射衰减及其影响 ··· 71

思考题和习题 ··· 73

第 4 章　吸收补偿方法及其主要问题分析 ······································· 74

4.1　基于波场延拓的补偿方法 ··· 74

4.2　基于非稳态反演的补偿方法 ··· 79

4.3　吸收补偿主要问题分析 ··· 88

思考题和习题 ··· 90

第 5 章　吸收分解与分步补偿 ··· 91

5.1　黏弹性介质地震波的吸收和频散 ··· 91

5.2　地层吸收分解 ··· 92

5.3　分步补偿 ··· 98

5.4　模型试验测试分析 ··· 100

5.5 实际资料处理 ……………………………………………… 106

    思考题和习题 ……………………………………………… 108

第 6 章 信号自适应识别多道吸收补偿 …………………………… 109

6.1 空间反射结构表征算子 ……………………………………… 109

6.2 吸收补偿多道反演系统 ……………………………………… 113

6.3 模型测试和实际数据处理 …………………………………… 119

    思考题和习题 ……………………………………………… 122

第 7 章 偏移过程中的吸收补偿 …………………………………… 123

7.1 黏滞声波积分法偏移 ………………………………………… 123

7.2 频率域黏滞声波逆时偏移 …………………………………… 127

7.3 分步法黏滞声波偏移 ………………………………………… 141

    思考题和习题 ……………………………………………… 153

参考文献 ……………………………………………………………… 154

附录 地层吸收分解推导过程 ……………………………………… 158

第1章
黏弹性介质中的地震波

实际地下介质多为黏弹性介质。地震波在通过黏弹性介质时，会经历不同程度的能量吸收和速度频散。这些效应不仅降低了地震信号的分辨率，也削弱了地震信号的有效探测深度。因此，吸收衰减及其补偿问题的研究在高分辨率地震勘探中具有非常重要的理论意义和应用价值。另外，地震波的频散效应还与孔隙结构和孔隙流体有关，因此，黏弹性介质地震波传播理论的研究也有望在储层预测和流体识别中发挥独特的作用。

关于黏弹性介质地震波吸收衰减的物理机制，国内外学者进行了大量研究，发展了多种吸收衰减的数学模型和物理模型，但至今尚未形成统一的数理模型。总体而言，主要理论模型包括以下几种：一是把地下地层当成黏弹性介质，通过黏弹性物理模型或者黏弹性数学模型来研究地下介质的衰减特性；二是把地下地层当作双相介质，通过 Biot 理论、喷射流理论和 BISQ 理论等来解释地震波能量的衰减现象；三是把地下地层当作非均匀介质来研究，通过散射理论来解释地震波能量的衰减。

在实际地震勘探中，通常使用品质因子 Q 来表征地下介质的吸收衰减程度。就如同地下介质的速度和密度一样，品质因子 Q 描述了地下介质的本质特征，是地下介质的基本物理参数（Futterman，1962）。

1.1 品质因子 Q 的数学定义

地震波在黏弹性介质中传播，部分能量转化为热能，造成地震波能量的衰减。1958 年，Knopoff 和 McDonald 对品质因子 Q 进行了数值描述，定义品质

因子 Q 为地震波传播一个波长距离后，原始储存应变能量 E_0 与衰减能量 ΔE 之比，即

$$Q = 2\pi \frac{E_0}{\Delta E} \tag{1.1}$$

在稳定状态下，黏弹性材料的应力 σ 和应变 ε 的关系可以表示为

$$\sigma(\omega) = M(\omega)\varepsilon(\omega) \tag{1.2}$$

其中

$$M(\omega) = M_R(\omega) + iM_I(\omega) \tag{1.3}$$

式中 $M(\omega)$——复黏弹性模量；

i——虚数单位；

$M_R(\omega)$、$M_I(\omega)$——复黏弹性模量的实部和虚部。

根据复黏弹性模量的实部和虚部，可以定义品质因子 Q 为

$$Q = \frac{M_R(\omega)}{M_I(\omega)} = \frac{1}{\tan\varphi} \tag{1.4}$$

式中 φ——复模量的相位。

定义耗散因子为

$$\xi(\omega) = \frac{1}{Q(\omega)} = \frac{M_I(\omega)}{M_R(\omega)} \tag{1.5}$$

地震波传播的复速度可以表示为

$$c(\omega) = \sqrt{\frac{M(\omega)}{\rho}} \tag{1.6}$$

式中 ρ——密度。

在黏弹性介质中，平面波的传播方程为

$$p(x,\omega) = \exp[i\omega t - ik(\omega)x] \tag{1.7}$$

式中 x——传播距离；

t——旅行时；

$k(\omega)$——复波数。

需要注意的是，在弹性介质中，波数为实数，但是在黏弹性介质中，波数 k 不再为实数，而是与吸收系数有关的复波数 $k(\omega)$

$$k(\omega) = \frac{\omega}{c(\omega)} = \frac{\omega}{v(\omega)} - i\alpha(\omega) \tag{1.8}$$

式中 $c(\omega)$——复速度；

$v(\omega)$、$\alpha(\omega)$——频率依赖的相速度和吸收系数。

将公式(1.6) 代入公式(1.8)，有

$$\left[\frac{1}{v(\omega)}-i\frac{\alpha(\omega)}{\omega}\right]^2=\frac{\rho}{|M(\omega)|^2}\left[M_R(\omega)-iM_I(\omega)\right] \tag{1.9}$$

将公式(1.9) 进一步化简，有

$$M_R(\omega)=\left[\frac{1}{v^2(\omega)}-\frac{\alpha^2(\omega)}{\omega^2}\right]\frac{|M(\omega)|^2}{\rho} \tag{1.10}$$

$$M_I(\omega)=\frac{2\alpha(\omega)}{\omega v(\omega)}\frac{|M(\omega)|^2}{\rho} \tag{1.11}$$

根据品质因子 Q 的定义，将公式(1.10) 和公式(1.11) 代入公式(1.4)，有

$$Q(\omega)=\frac{1}{2}\left[\frac{\omega}{\alpha(\omega)v(\omega)}-\frac{\alpha(\omega)v(\omega)}{\omega}\right] \tag{1.12}$$

将耗散因子 $\xi(\omega)$ 代入公式(1.10) 和公式(1.11)，有

$$\begin{aligned}\alpha(\omega)&=\frac{\omega M_I(\omega)}{|M(\omega)|}\sqrt{\frac{\rho}{2\left[M_R(\omega)+|M(\omega)|\right]}}\\&=\omega\sqrt{\frac{\rho}{M_R(\omega)}}\frac{\xi}{\sqrt{2(1+\xi^2)\left(1+\sqrt{1+\xi^2}\right)}}\end{aligned} \tag{1.13}$$

$$\begin{aligned}\frac{1}{v(\omega)}&=\frac{1}{|M(\omega)|}\sqrt{\frac{\rho\left[M_R(\omega)+|M(\omega)|\right]}{2}}\\&=\sqrt{\frac{\rho}{M_R(\omega)}}\sqrt{\frac{1+\sqrt{1+\xi^2}}{2(1+\xi^2)}}\end{aligned} \tag{1.14}$$

当 $Q(\omega)\gg1$ 即 $\xi(\omega)\ll1$ 时，吸收系数 $\alpha(\omega)$、相速度 $v(\omega)$ 和品质因子 $Q(\omega)$ 可近似表示为

$$\alpha(\omega)\approx\omega\sqrt{\frac{\rho}{M_R(\omega)}}\frac{\xi}{2} \tag{1.15}$$

$$\frac{1}{v(\omega)}\approx\sqrt{\frac{\rho}{M_R(\omega)}} \tag{1.16}$$

$$Q(\omega)\approx\frac{\omega}{2\alpha(\omega)v(\omega)} \tag{1.17}$$

公式(1.17) 给出了吸收系数 $\alpha(\omega)$、相速度 $v(\omega)$ 以及品质因子 $Q(\omega)$ 的数学关系，该关系也是研究地震吸收的基础。

黏弹性介质吸收衰减模型

    建立黏弹性介质吸收衰减模型主要有以下两种思路：一是根据实验室测量的吸收衰减数据，拟合出地震波的吸收系数，然后根据 Kramers-Krönig 关系推导出对应的频散关系，从而建立相应的吸收衰减模型，这类模拟也被称为吸收衰减数学模型，吸收衰减数学模型主要有 Kolsky-Futterman 模型、Strick-Azimi 模型、Kjartansson 模型、Muller 模型等；二是通过物理元件（弹簧和阻尼器）之间串并联来近似拟合黏弹性介质的吸收衰减曲线，从而建立相应的吸收衰减模型，这类模拟也被称为吸收衰减物理模型，吸收衰减物理模型主要有 Kelvin-Voigt 模型、Maxwell 模型、标准线性体模型以及广义标准线性体模型等。

1.2.1　吸收衰减数学模型

    吸收衰减数学模型的建立可以分两步完成：第一步，根据实验室测量的吸收衰减数据，经验地拟合出地震波的吸收系数（一般用幂律函数）；第二步，利用 Kramers-Krönig 关系建立吸收系数和相速度频散之间的联系，从而建立黏弹性吸收衰减数学模型。

    大量实验数据表明，在一定频带范围内，地震波吸收衰减系数可以认为是关于频率的幂律函数，即

$$\alpha(\omega) = \alpha_0 \omega^y \tag{1.18}$$

式中　α_0——不依赖频率的参数；

    y——幂律指数，一般在 0 到 2 之间。

    对于地震波在地下介质中传播所表现出的吸收衰减，幂律指数往往在 1 附近。

    平面波在吸收衰减介质中传播，其复波数 $k(\omega)$ 可以表示为

$$k(\omega) = \frac{\omega}{v(\omega)} - i\alpha(\omega) \tag{1.19}$$

式中　$v(\omega)$、$\alpha(\omega)$——频率依赖的相速度和吸收系数。

    根据 Aki 和 Richard 的研究，式（1.19）中的相速度 $v(\omega)$ 和吸收系数 $\alpha(\omega)$ 是关于角频率的正实数偶函数。地震波在介质中传播应满足因果性原理，因此，相速度 $v(\omega)$ 和吸收系数 $\alpha(\omega)$ 必须满足 Kramers-Krönig 关系，即

$$\frac{\omega}{v(\omega)} = \frac{\omega}{v_\infty} + H[\alpha(\omega)] \tag{1.20}$$

$$\frac{\alpha(\omega) - \alpha(0)}{\omega} = -H\left[\frac{1}{v(\omega)} - \frac{1}{v_\infty}\right] \tag{1.21}$$

式中 v_∞——$\omega \to \infty$ 时的相速度;

H[*]——希尔伯特变换。

如果地震波传播满足上述 Kramers-Krönig 关系,其响应函数必定会满足最小相位。由此可知,地震波的吸收系数与相速度频散是相互依赖的,可以通过经验拟合的吸收系数,求出其对应的相速度。当假定吸收衰减系数是频率的幂律函数时,可以推导出相速度的解析表达式,进而建立相应的吸收衰减模型。

当幂律指数 y 介于 0 到 2 之间且不等于 1 时,根据 Kramers-Krönig 关系推导出的相速度表达式为

$$\frac{1}{v(\omega)} - \frac{1}{v_r} = \alpha_0 \tan\left(\frac{\pi}{2}y\right)(\omega^{y-1} - \omega_0^{y-1}) \tag{1.22}$$

当幂律指数 y 近似等于 1 时,其相速度表达式为

$$\frac{1}{v(\omega)} - \frac{1}{v_r} = -\frac{2}{\pi}\alpha_0 \ln\left(\frac{\omega}{\omega_0}\right) \tag{1.23}$$

因此,当吸收系数为幂律函数时,其数学吸收衰减模型的相速度频散可以表示为

$$\begin{cases} \dfrac{1}{v(\omega)} - \dfrac{1}{v_r} = \alpha_0 \tan\left(\dfrac{\pi}{2}y\right)(\omega^{y-1} - \omega_0^{y-1}), & 0 \leqslant y \leqslant 2, y \neq 1 \\ \dfrac{1}{v(\omega)} - \dfrac{1}{v_r} = -\dfrac{2}{\pi}\alpha_0 \ln\left(\dfrac{\omega}{\omega_0}\right), & y = 1 \end{cases} \tag{1.24}$$

1. Kolsky-Futterman 模型

Kolsky(1956)和 Futterman(1962)假设衰减系数 $\alpha(\omega)$ 在观测范围内与频率呈线性关系,即

$$\alpha(\omega) = \alpha_0 \omega = \frac{\omega}{2v_r Q_r} \tag{1.25}$$

定义相速度表达式为

$$\frac{1}{v(\omega)} = \frac{1}{v_r}\left[1 - \frac{1}{\pi Q_r}\ln\left(\frac{\omega}{\omega_r}\right)\right] \tag{1.26}$$

根据公式(1.17),可以得到品质因子表达式

$$Q(\omega) = \frac{\omega}{2v(\omega)\alpha(\omega)} = Q_r - \frac{1}{\pi}\ln\left(\frac{\omega}{\omega_r}\right) \tag{1.27}$$

式中　v_r、Q_r——参考频率处的相速度和品质因子；

　　　ω_r——参考频率，理论上要求参考频率 ω_r 为有限任意小的非零频率。

在该模型中，衰减系数 $\alpha(\omega)$ 与频率呈严格线性相关，品质因子 $Q(\omega)$ 与频率近似线性相关，该模型也被称作近似常 Q 模型。需要注意的是，Kolsky-Futterman 模型的吸收系数和相速度频散并不严格满足因果性原理，但是该模型在地震学里面应用十分广泛。

2. 修正 Kolsky-Futterman 模型

Wang 和 Guo（2004）指出，传统的 Kolsky-Futterman 模型并不严格满足因果性原理。在地震数据处理中，为了应用反 Q 滤波正确校正速度频散，他们将 Kolsky-Futterman 模型修改如下

$$\frac{1}{v(\omega)} = \frac{1}{v_r}\left[1 - \frac{1}{\pi Q_r}\ln\left(h\frac{\omega}{\omega_r}\right)\right] \tag{1.28}$$

式中　h——与频率无关的常量。

将参考频率 ω_r 与常量 h 合并成一个新的变量 ω_h，并假设 $Q_r \gg 1$，则式（1.28）可以修改为

$$\frac{1}{v(\omega)} = \frac{1}{v_r}\left[1 - \frac{1}{\pi Q_r}\ln\left(\frac{\omega}{\omega_h}\right)\right] \approx \frac{1}{v_r}\left|\frac{\omega}{\omega_h}\right|^{-\gamma} \tag{1.29}$$

其中　　　　　　　　　　　　$\gamma = 1/(\pi Q_r)$

需要注意的是，此时的调整频率 ω_h 一般取为地震频带范围内的最大频率。此外，Wang 和 Guo（2004）指出修正的 Kolsky-Futterman 模型与其他的吸收模型具有更高的相似性，因此，本章选择将修正的 Kolsky-Futterman 模型作为参考与其他模型进行对比。

当参考品质因子 $Q_r = 100$，参考相速度 $v_r = 2000\mathrm{m/s}$，调整频率 $\omega_h = 600\pi$ 时，修正 Kolsky-Futterman 模型的衰减系数、相速度和品质因子如图 1.1 所示。

3. Strick-Azimi 模型

Strick（1967）和 Azimi（1968）假设吸收衰减系数 $\alpha(\omega)$ 与频率存在如下的幂律关系

$$\alpha(\omega) = a_1|\omega|^{1-\gamma} \tag{1.30}$$

式中　$1-\gamma$——幂律指数，且 $0 < \gamma < 1$。

根据 Kramers-Krönig 关系，可得如下相速度表达式

$$\frac{1}{v(\omega)} = \frac{1}{v_\infty} + a_1|\omega|^{-\gamma}\cot\left(\frac{\pi}{2}\gamma\right) \tag{1.31}$$

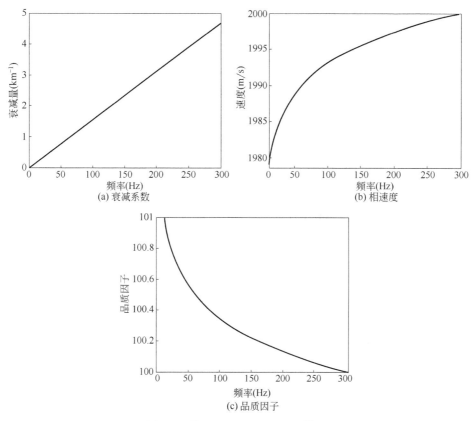

图 1.1　修正 Kolsky-Futterman 模型

根据公式(1.17)，可以得到品质因子表达式

$$Q(\omega) \approx \frac{|\omega|^{\gamma}}{2a_1 v_{\infty}} + \frac{1}{2}\cot\left(\frac{\pi}{2}\gamma\right) \tag{1.32}$$

在该模型中，衰减系数与频率呈幂律关系，因此该模型也被称作幂律模型。

为了与修正 Kolsky-Futterman 模型进行比较，Strick-Azimi 模型中的参数设置如下：$\gamma = \dfrac{1}{\ln|\omega_h|}$，$a_1 = \dfrac{|\omega_h|^{\gamma}}{2v_r Q_r}$，$\dfrac{1}{v_{\infty}} = \dfrac{1}{v_r}\left[1 - \dfrac{1}{2Q_r}\cot\left(\dfrac{\pi}{2}\gamma\right)\right]$。修正 Kolsky-Futterman 模型和 Strick-Azimi 模型的对比如图 1.2 所示。

4. Kjartansson 模型

如果令 $v_{\infty}^{-1} = 0$，上述 Strick-Azimi 模型就退化为 Kjartansson 模型。Kjartansson 模型的衰减系数 $\alpha(\omega)$ 表达式为

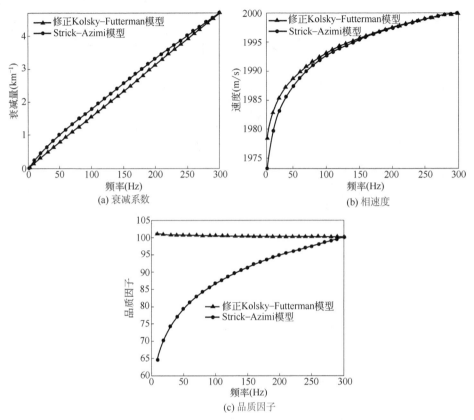

图 1.2　修正 Kolsky-Futterman 模型与 Strick-Azimi 模型对比图

$$\alpha(\omega) = a_1 \, |\, \omega \,|^{\,1-\gamma} \tag{1.33}$$

相速度表达式为

$$\frac{1}{v(\omega)} = a_1 \, |\, \omega \,|^{\,-\gamma} \cot\!\left(\frac{\pi}{2}\gamma\right) \tag{1.34}$$

根据公式(1.17)，可以得到品质因子表达式

$$Q(\omega) = \cot(\pi\gamma) \tag{1.35}$$

由公式(1.35)可知，Kjartansson 模型中的品质因子 Q 是与频率无关的常数，因此，Kjartansson 模型也被称为常 Q 模型。

为了与修正 Kolsky-Futterman 模型进行比较，Kjartansson 模型中的参数设置如下：$\gamma = \dfrac{1}{\pi Q_r}$，$a_1 = \dfrac{|\,\omega_h\,|^{\gamma}}{2v_r Q_r}$。修正 Kolsky-Futterman 模型和 Kjartansson 模型的对比如图 1.3 所示。

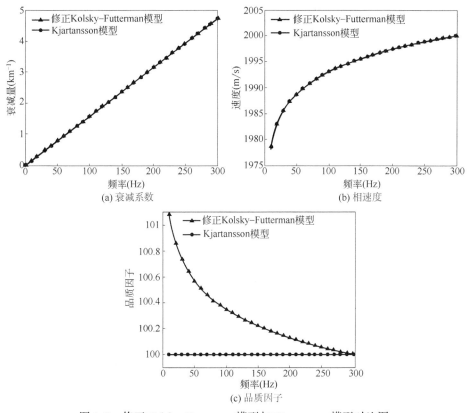

图 1.3 修正 Kolsky-Futterman 模型与 Kjartansson 模型对比图

5. Azimi 第二模型

Azimi(1968)提出了三种满足因果性条件的黏弹性模型,它们与 Kolsky-Futterman 模型十分近似。第一种模型是幂律模型,在前文中已经描述过,接下来介绍 Azimi 提出的第二种吸收模型。Azimi 第二模型的定义为

$$\alpha(\omega) = \frac{a_2 |\omega|}{1 + a_3 |\omega|} \tag{1.36}$$

式中 a_2、a_3——常数。

根据 Kramers-Krönig 关系可得相速度表达式

$$\frac{1}{v(\omega)} = \frac{1}{v_\infty} - \frac{2a_2 \ln(a_3 |\omega|)}{\pi(1 - a_3^2 \omega^2)} \approx \frac{1}{v_\infty} - \frac{2a_2 \ln(a_3 |\omega|)}{\pi} \tag{1.37}$$

根据公式(1.17),可以得到品质因子表达式

$$Q(\omega) = \frac{1 + a_3 |\omega|}{2a_2 v_\infty} - \frac{1 + a_3 |\omega|}{\pi} \ln(a_3 |\omega|) \tag{1.38}$$

为了与修正 Kolsky–Futterman 模型对比，Azimi 第二模型中的参数设置如下：$a_2 = \dfrac{3}{4 v_r Q_r}$，$a_3 = \dfrac{1}{\omega_h}$，$v_\infty = v_r$。修正 Kolsky–Futterman 模型和 Azimi 第二模型的对比如图 1.4 所示。

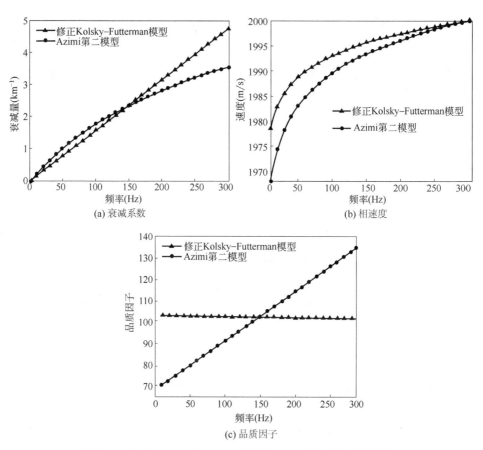

图 1.4　修正 Kolsky–Futterman 模型与 Azimi 第二模型对比图

6. Azimi 第三模型

Azimi 提出的第三模型定义为

$$\alpha(\omega) = \frac{a_4 |\omega|}{1 + a_5 \sqrt{|\omega|}} \tag{1.39}$$

式中　a_4、a_5——常数。

根据 Kramers–Krönig 关系可得相速度表达式

$$\frac{1}{v(\omega)}=\frac{1}{v_{\infty}}+\frac{a_4 a_5 \sqrt{|\omega|}}{1+a_5^2|\omega|}-\frac{2a_4 \ln(a_5^2|\omega|)}{\pi(1-a_5^4\omega^2)}\approx\frac{1}{v_{\infty}}+a_4 a_5\sqrt{|\omega|}-\frac{2a_4 \ln(a_5^2|\omega|)}{\pi}$$

$$(1.40)$$

根据公式(1.17)，可以得到品质因子表达式

$$Q(\omega)\approx\frac{1}{2}(1+a_5\sqrt{|\omega|})\left[\frac{1}{a_4 v_{\infty}}+a_5\sqrt{|\omega|}-\frac{2}{\pi}\ln(a_5^2|\omega|)\right]\quad(1.41)$$

为了与修正 Kolsky-Futterman 模型进行比较，Azimi 第三模型中的参数设置如下：$a_4=\dfrac{1}{v_r Q_r}$，$a_5=\dfrac{1}{\sqrt{\omega_h}}$，$\dfrac{1}{v_{\infty}}=\dfrac{1}{v_r}\left(1-\dfrac{1}{Q_r}\right)$。修正 Kolsky-Futterman 模型和 Azimi 第三模型的对比如图 1.5 所示。

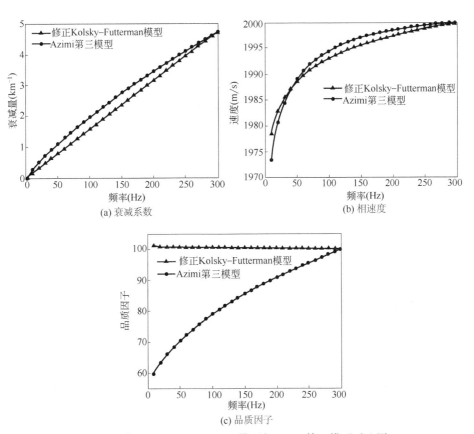

(a) 衰减系数

(b) 相速度

(c) 品质因子

图 1.5　修正 Kolsky-Futterman 模型与 Azimi 第三模型对比图

7. Muller 模型

Muller（1983）假设品质因子 Q 满足幂律函数关系

$$Q(\omega) = \left(\frac{\omega}{\omega_0}\right)^{\beta} = Q_r\left(\frac{\omega}{\omega_r}\right)^{\beta}, -1 \leqslant \beta \leqslant 1 \qquad (1.42)$$

式中　ω_r——参考频率；

　　ω_0——使得 $Q(\omega_r) = 1$ 处的频率，且 $\omega_0 = \omega_r (Q_r)^{-1/\beta}$。

根据品质因子的定义（1.4），可知复模量的相位 φ 为

$$\varphi(\omega) = \arctan(1/Q(\omega)) \qquad (1.43)$$

复模量 $M(\omega)$ 可以表示为

$$M(\omega) = A(\omega)e^{i\varphi(\omega)} \qquad (1.44)$$

式中　$A(\omega)$——复模量的振幅谱，且 $\ln(A(\omega))$ 可以根据相位 φ 的希尔伯特
　　　　变换来计算。

当 $\beta = 0$ 时，该模型即退化为 Kjartansson 的常 Q 模型。当 $0 < \beta \leqslant 1$，且
$Q(\omega) \gg 1$ 时，复速度的近似公式可以表示为

$$\frac{1}{v(\omega)} = \frac{1}{v_{\infty}}\exp\left\{\frac{1}{2}\left|\frac{\omega}{\omega_0}\right|^{-\beta}\left[\cot\left(\frac{\pi}{2}\beta\right) - i\right]\right\} \qquad (1.45)$$

如果将上式进行泰勒展开并取一阶项，有

$$\frac{1}{v(\omega)} = \frac{1}{v_{\infty}}\left[1 + \frac{1}{2}\left|\frac{\omega}{\omega_0}\right|^{-\beta}\cot\left(\frac{\pi}{2}\beta\right)\right] \qquad (1.46)$$

对应的吸收系数为

$$\alpha(\omega) = \frac{|\omega|}{2v_{\infty}}\left|\frac{\omega}{\omega_0}\right|^{-\beta} \qquad (1.47)$$

可以发现，当 Kjartansson 模型中的常数 $a_1 = \dfrac{|\omega_0|^{\beta}}{2v_{\infty}}$ 时，公式（1.47）和公
式（1.46）与 Kjartansson 模型的吸收系数公式（1.33）和相速度公式（1.34）完全
一致。

当 $-1 \leqslant \beta < 0$，且 $Q(\omega) \gg 1$ 时，Muller 模型的复速度可近似表示为

$$\frac{1}{v(\omega)} = \frac{1}{v_0}\exp\left\{\frac{1}{2}\left|\frac{\omega}{\omega_0}\right|^{-\beta}\left[\cot\left(\frac{\pi}{2}\beta\right) - i\right]\right\} \qquad (1.48)$$

可以看出，公式（1.45）和公式（1.48）形式完全一样，只不过此时的幂律
指数 β 为负数。对式（1.48）进行泰勒展开并取一阶项，有

$$\frac{1}{v(\omega)} = \frac{1}{v_0}\left[1 - \frac{1}{2}\left|\frac{\omega}{\omega_0}\right|^{|\beta|}\cot\left(\frac{\pi}{2}|\beta|\right)\right] \qquad (1.49)$$

吸收系数为

$$\alpha(\omega) = \frac{|\omega|}{2v_0}\left|\frac{\omega}{\omega_0}\right|^{|\beta|} = \frac{|\omega|^{1+|\beta|}}{2v_0|\omega_0|^{|\beta|}} \qquad (1.50)$$

可以看出，Muller 模型的吸收系数也是幂律函数，其幂律指数为 $1+|\beta|$，且 $-1 \leqslant \beta < 0$。

公式（1.45）和公式（1.48）可以写成统一的形式

$$\frac{1}{v(\omega)} = \frac{1}{v_r} \exp\left[\frac{1}{2Q_r}\left(\left|\frac{\omega}{\omega_r}\right|^{-\beta}-1\right)\cot\left(\frac{\pi}{2}\beta\right)-i\frac{1}{2Q_r}\left|\frac{\omega}{\omega_r}\right|^{-\beta}\right] \qquad (1.51)$$

式中 v_r ——参考速度。

需要注意的是，式（1.51）使用的是参考频率 ω_r 而不是 ω_0，这两者之间的关系为：$\omega_0 = \omega_r(Q_r)^{-1/\beta}$。当 $0 < \beta \leqslant 1$ 时，$\dfrac{1}{v_\infty} = \dfrac{1}{v_r}\exp\left[-\dfrac{1}{2Q_r}\cot\left(\dfrac{\pi}{2}\beta\right)\right]$；当 $-1 \leqslant \beta < 0$ 时，$\dfrac{1}{v_0} = \dfrac{1}{v_r}\exp\left[-\dfrac{1}{2Q_r}\cot\left(\dfrac{\pi}{2}\beta\right)\right]$。对式（1.51）进行泰勒展开并取一阶项，可以得到如下表达式

$$\frac{1}{v(\omega)} = \frac{1}{v_r}\left[1+\frac{1}{2Q_r}\left(\left|\frac{\omega}{\omega_r}\right|^{-\beta}-1\right)\cot\left(\frac{\pi}{2}\beta\right)\right] \qquad (1.52)$$

吸收系数为

$$\alpha(\omega) = \frac{|\omega|}{2v_rQ_r}\left|\frac{\omega}{\omega_r}\right|^{-\gamma} \qquad (1.53)$$

为了与修正 Kolsky-Futterman 模型进行比较，Muller 模型中的参数设置如下：$\beta = (\pi Q_r)^{-1}$，$\omega_r = \omega_h$。修正 Kolsky-Futterman 模型和 Muller 模型的对比如图 1.6 所示。

1.2.2 吸收衰减物理模型

在力学模型中，两种最基本的力学元件是弹簧和阻尼器，如图 1.7 所示。将它们以不同方式组合，可以表示出不同黏弹性介质力学模型，进而描述地震波在地下非完全弹性介质传播过程中表现出来的吸收衰减特征。黏弹性介质的力学模型具有简单、直观、易于理解等特点，不同的力学模型所反映出的弹性和黏性是不相同的。

对于弹簧即完全弹性体模型，其应力应变关系（本构方程）可以表示为

$$\sigma_S(t) = E\varepsilon(t) \qquad (1.54)$$

对应的蠕变柔量和松弛模量为

$$\begin{cases} J(t) = \dfrac{1}{E} \\ G(t) = E \end{cases} \qquad (1.55)$$

对于阻尼器即完全黏性体模型，其本构方程可以表示如下

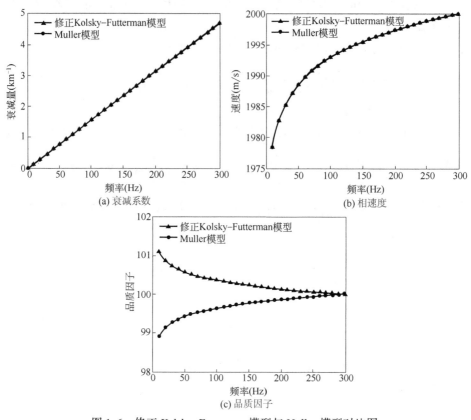

(a) 衰减系数

(b) 相速度

(c) 品质因子

图 1.6　修正 Kolsky-Futterman 模型与 Muller 模型对比图

(a) 弹簧

(b) 阻尼器

图 1.7　基本力学元件

$$\sigma_{\mathrm{D}}(t) = \eta \frac{\mathrm{d}\varepsilon(t)}{\mathrm{d}t} \tag{1.56}$$

对应的蠕变柔量和松弛模量为

$$\begin{cases} J(t) = \dfrac{1}{\eta} \\ G(t) = \eta\delta(t) \end{cases} \tag{1.57}$$

式中　E——弹性模量；

　　　η——黏滞系数。

1. Kelvin-Voigt 模型

将一个弹簧和一个阻尼器并联，可以得到 Kelvin-Voigt 模型，如图 1.8 所示。在该模型中，两个力学元件的伸长量或压缩量(应变)是一致的，也等于该系统的伸长量或压缩量(应变)。当在恒力作用下，由于阻尼器的存在，系统并不会立即产生位

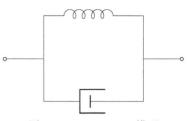

图 1.8 Kelvin-Voigt 模型

移，弹簧在逐渐增加的荷载下将逐渐发生形变，并达到最大伸长。当应力突然消失时，由于阻尼器的指数松弛作用，应变将滞后，两个元件产生的位移是相同的，但承受不同的力，系统的总应力等于两个元件的应力之和，即 $\sigma(t) = \sigma_{S}(t) + \sigma_{D}(t)$。

Kelvin-Voigt 模型的应力应变关系可以表示为

$$\sigma(t) = \sigma_{S}(t) + \sigma_{D}(t) = E\varepsilon(t) + \eta \frac{\mathrm{d}\varepsilon(t)}{\mathrm{d}t} \tag{1.58}$$

将式(1.58)作傅里叶变换，有

$$\hat{\sigma}(\omega) = (E + \mathrm{i}\omega\eta)\hat{\varepsilon}(\omega) \tag{1.59}$$

进而，可以得到 Kelvin-Voigt 模型在频率域的复松弛模量 $M(\omega)$

$$M(\omega) = E + \mathrm{i}\omega\eta \tag{1.60}$$

Kelvin-Voigt 模型的品质因子为

$$Q(\omega) = \frac{\mathrm{Re}[M(\omega)]}{\mathrm{Im}[M(\omega)]} = \frac{E}{\omega\eta} = \frac{1}{\omega\tau_{\varepsilon}} \tag{1.61}$$

式中 τ_{ε}——蠕变时间，$\tau_{\varepsilon} = \frac{\eta}{E}$。

2. Maxwell 模型

将一个弹簧和一个阻尼器串联，可以得到 Maxwell 模型，如图 1.9 所示。在该模型中，由于两个元件是串联关系，每个元件所受应力相同，但各自产生的应变不同，系统的总应变等于两个元件的应变之和，即 $\varepsilon(t) = \varepsilon_{S}(t) + \varepsilon_{D}(t)$。

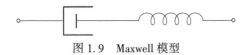

图 1.9 Maxwell 模型

Maxwell 模型的应力应变关系可以表示为

$$\sigma(t)+\frac{\eta}{E}\frac{\mathrm{d}\sigma(t)}{\mathrm{d}t}=\eta\frac{\mathrm{d}\varepsilon(t)}{\mathrm{d}t} \tag{1.62}$$

将式(1.62) 作傅里叶变换，有

$$\left(1+\frac{\mathrm{i}\omega\eta}{E}\right)\hat{\sigma}(\omega)=\mathrm{i}\omega\eta\hat{\varepsilon}(\omega) \tag{1.63}$$

进而可以得到 Maxwell 模型在频率域的复松弛模量 $M(\omega)$

$$M(\omega)=\frac{\omega\eta}{\omega\tau_\sigma-\mathrm{i}} \tag{1.64}$$

式中 $\quad\tau_\sigma$——松弛时间，$\tau_\sigma=\dfrac{\eta}{E}$。

Maxwell 模型的品质因子可以表示为

$$Q(\omega)=\frac{\mathrm{Re}\left[M(\omega)\right]}{\mathrm{Im}\left[M(\omega)\right]}=\omega\tau_\sigma \tag{1.65}$$

3. Zener 模型

Kelvin-Voigt 模型不能考虑应力作用下应变的突然变化，也不能表示应力消失后的剩余应变；Maxwell 模型不具备蠕变特征，两者都不足以描述大多数黏弹性介质的特性。将一个弹簧和 Maxwell 模型并联，可以得到 Zener 模型，也被称为标准线性体模型，如图 1.10 所示。

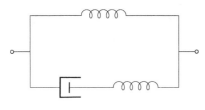

图 1.10 Zener 模型

根据玻尔兹曼叠加原理，Zener 模型的应力应变关系为

$$\sigma(t)+\tau_\sigma\frac{\mathrm{d}\sigma(t)}{\mathrm{d}t}=E_\varepsilon\left[\varepsilon(t)+\tau_\varepsilon\frac{\mathrm{d}\varepsilon(t)}{\mathrm{d}t}\right] \tag{1.66}$$

其中 $\quad\tau_\sigma=\dfrac{\eta}{E_1+E_2}, \quad \tau_\varepsilon=\dfrac{\eta}{E_2}\geqslant\tau_\sigma, \quad E_\varepsilon=\dfrac{E_1E_2}{E_1+E_2}$

式中 $\quad E_1$、E_2——两个弹簧的弹性模量。

将式(1.66) 作傅里叶变换，有

$$(1+\mathrm{i}\omega\tau_\sigma)\hat{\sigma}(\omega)=E(1+\mathrm{i}\omega\tau_\varepsilon)\hat{\varepsilon}(\omega) \tag{1.67}$$

进而可以得到 Zener 模型在频率域的复松弛模量 $M(\omega)$

$$M(\omega)=E\left(\frac{1+\mathrm{i}\omega\tau_\varepsilon}{1+\mathrm{i}\omega\tau_\sigma}\right) \tag{1.68}$$

标准线性体模型的品质因子为

$$Q(\omega) = \frac{\mathrm{Re}[M(\omega)]}{\mathrm{Im}[M(\omega)]} = \frac{1+\omega^2\tau_\sigma\tau_\varepsilon}{\omega(\tau_\varepsilon-\tau_\sigma)} \tag{1.69}$$

令 $\dfrac{\partial Q(\omega)}{\partial\omega}=0$，有

$$\tau_c = \sqrt{\tau_\sigma\tau_\varepsilon}, \quad Q_c = \frac{2\tau_c}{\tau_\varepsilon-\tau_\sigma} \tag{1.70}$$

式中　τ_c、Q_c——表征标准线性体模型吸收特性的常量参数。

因此，标准线性体模型的吸收系数为

$$\alpha(\omega) = \frac{\omega^2\tau_c}{v_0 Q_c(1+\omega^2\tau_c^2)} \tag{1.71}$$

式中　v_0——$\omega\rightarrow0$ 时的相速度。

该模型的相速度为

$$\frac{1}{v(\omega)} \approx \frac{1}{v_0}\left(1-\frac{\omega^2\tau_c^2}{Q_c(1+\omega^2\tau_c^2)}\right) \tag{1.72}$$

根据公式（1.71）和公式（1.72），τ_ε 和 τ_σ 可以改写为

$$\tau_\varepsilon = \tau_c\left(\sqrt{1+\frac{1}{Q_c^2}}+\frac{1}{Q_c}\right), \quad \tau_\sigma = \tau_c\left(\sqrt{1+\frac{1}{Q_c^2}}-\frac{1}{Q_c}\right) \tag{1.73}$$

将公式（1.73）代入公式（1.69），可得 Q 模型为

$$Q(\omega) \approx \frac{Q_c(1+\omega^2\tau_c^2)}{2\omega\tau_c} \tag{1.74}$$

为了与修正 Kolsky–Futterman 模型进行比较，Zener 模型中的参数设置如下：$\tau_c=(\omega_h)^{-1}$，$Q_c=Q_r+\dfrac{1}{2}$，$\dfrac{1}{v_0}=\dfrac{1}{v_r}\left(1+\dfrac{1}{2Q_r}\right)$。修正 Kolsky–Futterman 模型和 Zener 模型的对比如图 1.11 所示。

4. Cole-Cole 模型

将一系列 Zener 体（标准线性体）并联，可以得到广义 Zener 模型，也被称为 Cole-Cole 模型。在 Cole-Cole 模型中，其复模量为

$$M(\omega) = E\frac{1+(-\mathrm{i}\omega\tau_\varepsilon)^\beta}{1+(-\mathrm{i}\omega\tau_\sigma)^\beta} \tag{1.75}$$

假如 $\tau_\sigma<\tau_\varepsilon$，且 $0<\beta\leqslant1$，则

$$M_R(\omega) = M_0\frac{1+(\omega^2\tau_\varepsilon\tau_\sigma)^\beta+(|\omega\tau_\varepsilon|^\beta+|\omega\tau_\sigma|^\beta)\cos\left(\frac{\pi}{2}\beta\right)}{1+2\cos\left(\frac{\pi}{2}\beta\right)|\omega\tau_\sigma|^\beta+|\omega\tau_\sigma|^{2\beta}} \tag{1.76}$$

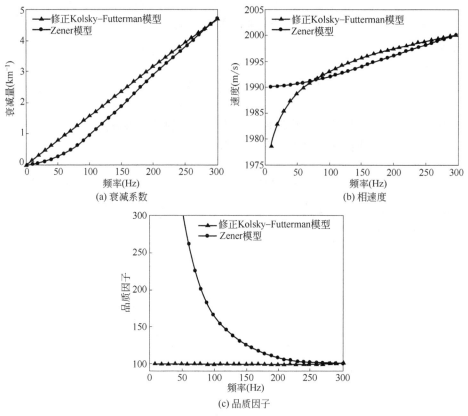

(a) 衰减系数   (b) 相速度

(c) 品质因子

图 1.11 修正 Kolsky–Futterman 模型与 Zener 模型对比图

$$Q^{-1}(\omega) = \frac{\left(\,|\,\omega\tau_\varepsilon\,|^\beta + |\,\omega\tau_\sigma\,|^\beta\right)\sin\left(\dfrac{\pi}{2}\beta\right)}{1 + (\omega^2\tau_\varepsilon\tau_\sigma)^\beta + \left(\,|\,\omega\tau_\varepsilon\,|^\beta + |\,\omega\tau_\sigma\,|^\beta\right)\cos\left(\dfrac{\pi}{2}\beta\right)} \tag{1.77}$$

将公式(1.76)和公式(1.77)代入公式(1.13)和公式(1.14)，可以计算出相应的相速度和吸收系数。对公式(1.76)和公式(1.77)进行近似，定义如下变量

$$\tau_{\varepsilon,\sigma} = \tau_r\left(\sqrt{1 + \frac{1}{Q_c^2}} \pm \frac{1}{Q_c}\right) \tag{1.78}$$

式中 Q_c——参考品质因子，注意这里的参考品质因子与 Kolsky–Futterman 模型中的参考品质因子 Q_r 不同。

假如 Q_c 是一个较大的数，则

$$|\,\tau_{\varepsilon,\sigma}\,|^\beta \approx |\,\tau_r\,|^\beta\left(1 + \frac{\beta^2}{2Q_c^2} \pm \frac{\beta}{Q_c}\right) \tag{1.79}$$

进而可以得到如下关系

$$M_{\mathrm{R}}(\omega) \approx M_0\left\{1+\frac{\dfrac{2\beta}{Q_{\mathrm c}}(\omega\tau_{\mathrm r})^\beta\left[\cos\left(\dfrac{\pi}{2}\beta\right)+(\omega\tau_{\mathrm r})^\beta\right]}{1+|\omega\tau_{\mathrm r}|^{2\beta}\left(1-\dfrac{2\beta}{Q_{\mathrm c}}\right)+2\cos\left(\dfrac{\pi}{2}\beta\right)|\omega\tau_{\mathrm r}|^\beta\left(1-\dfrac{\beta}{Q_{\mathrm c}}\right)}\right\} \tag{1.80}$$

$$Q(\omega) \approx \frac{Q_{\mathrm c}\left[1+|\omega\tau_{\mathrm r}|^{2\beta}+2|\omega\tau_{\mathrm r}|^\beta\cos\left(\dfrac{\pi}{2}\beta\right)\right]}{2\beta|\omega\tau_{\mathrm r}|^\beta\sin\left(\dfrac{\pi}{2}\beta\right)} \tag{1.81}$$

将公式(1.80)和公式(1.81)代入公式(1.13)和公式(1.14)，可以计算出相应的相速度和吸收系数

$$\frac{1}{v(\omega)} \approx \frac{1}{v_0}\left\{1-\frac{\beta(\omega\tau_{\mathrm r})^\beta\cos\left(\dfrac{\pi}{2}\beta\right)+(\omega\tau_{\mathrm r})^\beta}{Q_{\mathrm c}\left[1+|\omega\tau_{\mathrm r}|^{2\beta}+2|\omega\tau_{\mathrm r}|^\beta\cos\left(\dfrac{\pi}{2}\beta\right)\right]}\right\} \tag{1.82}$$

$$\alpha(\omega) \approx \frac{\beta|\omega\tau_{\mathrm r}|^{1+\beta}\sin\left(\dfrac{\pi}{2}\beta\right)}{v_0 Q_{\mathrm c}\tau_{\mathrm r}\left[1+|\omega\tau_{\mathrm r}|^{2\beta}+2|\omega\tau_{\mathrm r}|^\beta\cos\left(\dfrac{\pi}{2}\beta\right)\right]} \tag{1.83}$$

为了与修正 Kolsky-Futterman 模型进行比较，Cole-Cole 模型中的参数设置如下：$\gamma=0.4$，$\tau_{\mathrm c}=(\omega_{\mathrm h})^{-1}$，$Q_{\mathrm c}=\dfrac{\pi Q_{\mathrm r}\gamma^2}{4}$，$\dfrac{1}{v_0}=\dfrac{1}{v_{\mathrm r}}\left(1+\dfrac{2}{\pi\gamma Q_{\mathrm r}}\right)$。修正 Kolsky-Futterman 模型和 Cole-Cole 模型的对比如图 1.12 所示。

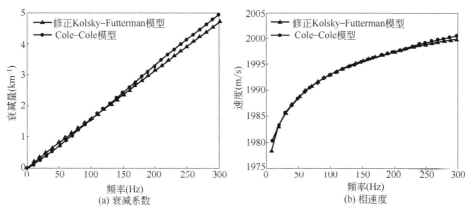

图 1.12

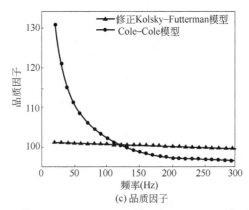

(c) 品质因子

图 1.12 修正 Kolsky-Futterman 模型与 Cole-Cole 模型对比图

5. 广义线性体模型

Ben-Menahem 和 Singh（1981）指出，可以使用不同吸收模型的乘积和/或求和来推广现有的吸收模型，并获得更复杂且更贴近实际情况的吸收模型。基于此，Wang 和 Guo（2004）提出了一种新的广义线性体模型，其复速度 $c(\omega)$ 可定义为

$$\frac{1}{c(\omega)} = \frac{1}{v_\infty}\left(1 + \frac{a}{\sqrt{1+\mathrm{i}\omega\tau}} + \frac{b}{1+\mathrm{i}\omega\tau}\right) \tag{1.84}$$

式中　τ——弛豫时间常数；

　　a、b——常数系数。

式(1.84)可以看成一个标准线性体模型与一个带根号的非有理函数的并联，这也是该模型与 Cole-Cole 模型的相似之处。该模型的吸收系数定义为

$$\alpha(\omega) \approx \frac{1}{v_\infty}\left[\frac{a}{2}\left(1+\frac{1}{2}\omega^2\tau^2\right)+b\right]\frac{\omega^2\tau}{1+\omega^2\tau^2} \tag{1.85}$$

相速度可表示为

$$\frac{1}{v(\omega)} \approx \frac{1}{v_\infty}\left\{1+\left[a\left(1+\frac{5}{8}\omega^2\tau^2\right)+b\right]\frac{1}{1+\omega^2\tau^2}\right\} \tag{1.86}$$

对应的 Q 模型可以表示为

$$Q(\omega) \approx \frac{1+a+b+\left(1+\frac{5}{8}a\right)\omega^2\tau^2}{|\omega\tau|\left(a+2b+\frac{1}{2}a\omega^2\tau^2\right)} \tag{1.87}$$

为了与修正 Kolsky-Futterman 模型进行比较，广义线性体模型中的参数设置如下：$\tau = \omega_h^{-1}$，$a = -\dfrac{8}{7Q_r}$，$b = \dfrac{13}{7Q_r}$，$v_\infty = v_r$。修正 Kolsky-Futterman 模型和广义线性体模型的对比如图 1.13 所示。

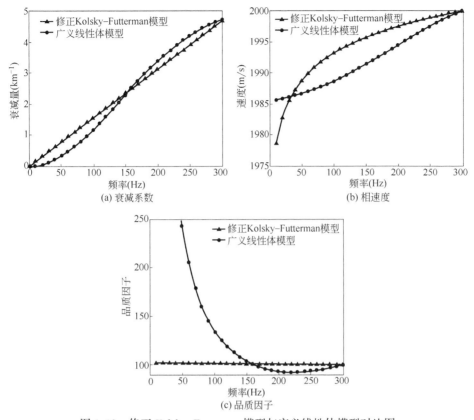

图 1.13　修正 Kolsky-Futterman 模型与广义线性体模型对比图

1.3 双相介质吸收衰减理论

1.3.1　Gassmann 方程

　　基于宏观各向同性、孔隙流体静态饱和等假设条件，Gassmann（1951）给出了岩石骨架、固体基质、孔隙流体的体积模量与饱和岩石体积模量之间的函数关系，即 Gassmann 方程。Gassmann 方程是一种经典的静态等效介质模型，它建立的孔隙流体性质与地震波速之间的理论关系普遍应用于地震流体响应模拟，并且可以为岩性划分、解释提供理论依据。饱和岩石的体积模量和剪切模量可以表示为

$$K_{\text{sat}} = K_{\text{dry}} + \frac{\left(1 - \dfrac{K_{\text{dry}}}{K_{\text{m}}}\right)^2}{\dfrac{\phi}{K_{\text{fl}}} + \dfrac{1-\phi}{K_{\text{m}}} \dfrac{K_{\text{dry}}}{K_{\text{m}}^2}} \tag{1.88}$$

$$\mu_{\text{sat}} = \mu_{\text{dry}} \tag{1.89}$$

式中　K_{sat}——饱和岩石的体积模量；

K_{dry}——干燥岩石的体积模量；

K_{m}——矿物基质的体积模量；

K_{fl}——流体的体积模量；

μ_{sat}——饱和岩石的剪切模量；

μ_{dry}——干燥岩石的剪切模量；

ϕ——岩石的孔隙度。

对于多流体类型饱和岩石，混合流体体积模量 K_{fl} 和密度 ρ_{fl} 可用 Wood 平均计算

$$\frac{1}{K_{\text{fl}}} = \frac{S_{\text{w}}}{K_{\text{w}}} + \frac{S_{\text{o}}}{K_{\text{o}}} + \frac{S_{\text{g}}}{K_{\text{g}}} \tag{1.90}$$

$$\rho_{\text{fl}} = S_{\text{w}}\rho_{\text{w}} + S_{\text{o}}\rho_{\text{o}} + S_{\text{g}}\rho_{\text{g}} \tag{1.91}$$

式中　S_{w}、S_{o}、S_{g}——水、油和气的饱和度，且 $S_{\text{w}} + S_{\text{o}} + S_{\text{g}} = 1$；

K_{w}、K_{o}、K_{g}——水、油和气的体积模量；

ρ_{w}、ρ_{o}、ρ_{g}——水、油和气的密度。

进而，饱和岩石的密度可以表示为

$$\rho_{\text{sat}} = \phi\rho_{\text{fl}} + (1-\phi)\rho_{\text{m}} \tag{1.92}$$

Murphy 等（1991）给出了 Gassmann 方程的纵、横波速度表达式

$$\rho_{\text{sat}} v_{\text{p}}^2 = K_{\text{sat}} + K_{\text{dry}} + \frac{4}{3}\mu_{\text{sat}} \tag{1.93}$$

$$\rho_{\text{sat}} v_{\text{s}}^2 = \mu_{\text{sat}} \tag{1.94}$$

经典的 Gassmann 方程需要严格满足如下 4 个基本假设条件：

（1）岩石（基质和骨架）是宏观均匀各向同性的；

（2）孔隙空间全部连通且始终压力均衡；

（3）整个孔隙空间被无摩擦（黏度为零）的流体（液体、气体或混合物）完全填满；

（4）岩石是个封闭系统，没有流体流入或流出；

（5）流体和岩石骨架之间不发生化学作用。

Gassmann 方程的局限性在于：首先，假设（1）和（2）要求 Gassmann 方程描述的岩石颗粒和孔隙单元尺寸远小于地震波长，流体均匀地分布在岩石内

部，这样就无法研究岩石的微观特征；其次，假设（3）只能描述零频率波或者零黏度流体的静态响应，但实际上，任何流体都是具有黏度的，波动诱发的压力梯度会导致流体和骨架之间的相对运动，因此地震波的响应也应该是动态的。也就是说，Gassmann 方程仅适用于描述低频情况下（孔隙流体处于静态）岩石的地震响应，这也是实验室和测井中测得的岩石体积模量往往要高于Gassmann 方程的预测结果的原因。

1.3.2　Biot 理论

1956 年，Biot 对 Gassmann 方程进行推广，放宽了 Gassmann 方程低频极限波速和流体零黏度的假设，建立了饱和孔隙介质中固体骨架和孔隙流体之间的动态关系，即 Biot 模型。当可压缩的孔隙流体受到黏滞力和惯性共同影响时，其运动过程中与岩石骨架所发生的摩擦力将引起能量损失，由此带来的地震波速度频散和能量衰减称为 Biot 耗散。Biot 耗散描述的是当孔隙压力远大于地震波诱发的压力梯度时的能量衰减，即要求岩石特征尺寸和孔隙尺寸远小于地震波波长，所以 Biot 模型是一种宏观的全局流体流动模型。饱和岩石中的波速是频率依赖的，定义特征频率 f_c，其表达式为

$$f_c = \frac{\eta \phi}{2\pi \rho_\text{fl} k} \tag{1.95}$$

其中

$$k = \sqrt{\frac{i\omega\eta}{KK_E}}$$

式中　k——慢纵波复波数；

　　　η——流体黏度系数；

　　　K——渗透率；

　　　K_E——等效弹性模量。

利用特征频率 f_c 可以将频带一分为二，Biot 模型针对孔隙流体不同的相对运动特征给出了如下描述：特征频率是速度变化最剧烈的频率，也是饱和岩石处于弛豫（孔隙内压力平衡）和非弛豫（孔隙内压力不平衡）状态的分界点。低频情况下（$f<f_c$），孔隙流体运动主要受黏滞耦合力影响，与岩石骨架整体运动，产生较小的能量耗散；高频情况下（$f>f_c$），惯性起主要作用，这时孔隙流体的运动落后于骨架，产生了较强的频散和衰减。

Geertsma 和 Smit（1961）进一步提出了频率依赖的速度表达式

$$v^2(f) = \frac{v_\infty^4 + v_0^4 \left(\dfrac{f_c}{f}\right)^2}{v_\infty^2 + v_0^2 \left(\dfrac{f_c}{f}\right)^2} \tag{1.96}$$

式中　v_∞、v_0——高频极限和低频极限的速度值。

v_0 与 Gassmann 理论完全一致，v_{p_∞} 与 v_{s_∞} 的表达式如下

$$v_{p_\infty}^2 = \frac{1}{\rho_m(1-\phi)+\phi\rho_{fl}(1-\gamma^{-1})}\left[\left(K_{dry}+\frac{4}{3}\mu_{dry}\right)+\frac{\mu\frac{\rho_{sat}}{\rho_{fl}}\gamma^{-1}+\alpha(\alpha-2\phi\gamma^{-1})}{\frac{\alpha-\phi}{K_m}+\frac{\phi}{K_{fl}}}\right]$$

(1.97)

$$v_{s_\infty}^2 = \frac{\mu_{dry}}{\rho_m(1+\phi)+\phi\rho_{fl}(1-\gamma^{-1})}$$

(1.98)

式中　γ——几何曲折度因子，无量纲且大于 1。

Biot 模型研究的是平均运动，不包含微观流动和孔隙尺寸对流动的影响，模型特征频率一般要超过 100kHz，远超出了地震频带。实验数据也证明，模型预测的地震波频散程度远远小于观测值。

1.3.3　喷射流理论

Biot 理论尽管已经考虑了地震波在介质中传播时的衰减和频散特性，但是在许多情况下，根据该理论预测的地震波能量耗散和速度频散要比实际情况低，无法与实际数据吻合。随着对双相介质的进一步研究，发现孔隙中的流体还存在另一种方式的流动，即喷射流。喷射流理论是基于单个孔隙中或者基于固体颗粒接触点处的流体流动的力学机制而建立的，属于微观机制。1975 年，Mavko 和 Nur 在微观尺度（非均质特征尺寸与孔隙尺寸远小于地震波长）模拟了"局部流动"的耗散机制，因其机制为弹性波挤压致使细小孔隙中的流体喷射到大孔隙中，也被称为喷射流机制。这一物理过程将造成较大的能量损失，较之全局流动机制（如 Biot 模型），喷射流会产生更显著的频散和衰减，是地震波产生大规模频散的主要因素。喷射流机制的弹性模量可以表示为

$$\frac{1}{K_{uf}} \approx \frac{1}{K_{dry-high}}+\left(\frac{1}{K_{fl}}-\frac{1}{K_{ma}}\right)\phi_{soft}$$

(1.99)

$$\frac{1}{\mu_{uf}}-\frac{1}{\mu_{dry}}=\frac{4}{15}\left(\frac{1}{K_{uf}}-\frac{1}{K_{dry-high}}\right)\phi_{soft}$$

(1.100)

式中　K_{uf}——高频非弛豫湿岩石骨架的有效体积模量；

　　　$K_{dry-high}$——高压干岩石有效体积模量；

　　　ϕ_{soft}——软孔隙度；

　　　μ_{uf}——高频非弛豫湿岩石骨架的有效剪切模量。

1.3.4　BISQ 理论

考虑到弹性波在介质中传播时宏观的 Biot 流动和微观的喷射流是同时存在并互相耦合的，不应该把二者分隔进行讨论，Dvorkin 和 Nur（1993）将多孔介质中固体和液体两种相互影响、相互作用的 Biot 机制和喷射流机制有机结合起来，利用 Biot 理论的弹性波动力学和流体力学质量守恒方程，推导出含黏性流体的双相介质中纵波速度和品质因子，提出了统一的 BISQ（Biot-Squirt）模型。实测结果也证实，BISQ 模型预测的频散和衰减程度比 Biot 理论更接近于实际测量值，这也是对多尺度模型的最初探索。

BISQ 理论同时考虑了宏观流动和微观流动，反映了流体两种不同流动形式和流体特征对波速、衰减和频散的影响规律，能够对整个波段的频散和衰减做出合理的解释和预测。BISQ 模型是指相对于纵波传播的不同方向的流体流动，Biot 机制是平行于平面纵波的传播方向，而喷射流机制垂直于平面纵波的传播方向。

BISQ 模型给出的视完全饱和（即孔隙中有少量无法测定的自由气体）状态下的纵波速度和品质因子的表达式为

$$v_p = \frac{1}{\text{Re}(\sqrt{Y})} \tag{1.101}$$

$$\frac{1}{Q_p} = \frac{2a_p v_p}{\omega} \tag{1.102}$$

其中　　　　$a_p = \omega \text{Im}(\sqrt{Y})$，$Y = -\frac{B}{2A} - \sqrt{\left(\frac{B}{2A}\right)^2 - \frac{C}{A}}$，$A = \frac{\phi F_{sq} M_{dry}}{\rho_2^2}$

$$M_{dry} = \rho_d v_{p-d}$$

$$B = \frac{F_{sq}\left(2\alpha - \phi - \phi \dfrac{\rho_1}{\rho_2}\right) - \left(M_d + F_{sq}\dfrac{\alpha^2}{\phi}\right)\left(1 + \dfrac{\rho_a}{\rho_2} + i\dfrac{\omega_c}{\omega}\right)}{\rho_2}$$

$$\alpha = 1 - \frac{K_d}{K_s}, \qquad \rho_a = (1-\tau)\phi\rho_f$$

$$C = \frac{\rho_1}{\rho_2} + \left(1 + \frac{\rho_1}{\rho_2}\right)\left(\frac{\rho_a}{\rho_2} + i\frac{\omega_c}{\omega}\right)$$

$$\omega_c = \frac{\eta\phi}{K\rho_f}, \qquad F_{sq} = F\left[1 - \frac{2J_1(\lambda R)}{\lambda R J_0(\lambda R)}\right]$$

$$F^{-1} = \frac{1}{K_f} + \frac{1}{\phi K_s}(\alpha - \phi)$$

$$\lambda^2 = \frac{\rho_f \omega^2}{F}\left(\frac{\phi + \rho_a/\rho_f}{\phi} + i\frac{\omega_c}{\omega}\right), \quad \rho_1 = (1-\phi)\rho_s, \quad \rho_2 = \phi\rho_f$$

式中 ϕ——孔隙度；

M_{dry}——干岩石骨架的单轴形变模量；

ρ_d——干岩石密度；

v_{p-d}——干岩石的纵波速度；

ρ_s——固体岩石颗粒的密度；

ρ_f——孔隙流体的密度；

ρ_a——固体和流体之间惯性耦合密度；

τ——曲折度，取值一般大于 1；

α——Biot 系数；

K_d——岩石骨架的体积模量；

K_s——固体岩石颗粒的体积模量；

ω_c——Biot 理论的特征角频率；

η——流体黏滞系数；

K——岩石骨架的渗透率；

$1/F_{sq}$——Biot 流动和喷射流对固液耦合系统的综合压缩性；

R——特征喷射流长度；

J_0、J_1——零阶贝塞尔函数和一阶贝塞尔函数；

F^{-1}——Biot 流动对固液耦合系统的压缩性；

K_f——孔隙流体的体积模量。

BISQ 模型的局限为，受松弛效应影响，其低频极限下的速度为

$$v_0 = \sqrt{\frac{M_{dry}}{\rho}} \tag{1.103}$$

该预测值低于 Gassmann 方程预测值，不利于统一的模型表述。另外，在与实验测量值对比时发现，BISQ 模型仍然低估了地震频带的频散程度。

思考题和习题

1. 品质因子 Q 的物理意义是什么？

2. 地层吸收衰减可以用哪些理论去解释？

3. 黏弹性介质吸收衰减模型有哪些，每个模型的特点是什么？

4. 假如实验室已经测量得到了岩石衰减随频率变化的数据，可以通过什么方式建立吸收衰减模型？

5. 基于力学元件构建的吸收衰减模型有什么优缺点？

6. Gassmann 方程描述的物理问题是什么？它有什么局限性？

7. Biot 理论认为吸收衰减是怎么产生的？它和喷射流理论的区别是什么？

第2章

近地表吸收结构观测与反演方法

近地表多为未固结或者固结程度较差的地层，这类地层对地震波具有更为强烈的吸收衰减作用。在塔里木、准噶尔和鄂尔多斯等西部盆地，地表往往被巨厚的沙丘和黄土层所覆盖，近地表吸收已经成为制约该类地区勘探精度的主要因素。即使在松辽盆地和渤海湾盆地，废弃河道等导致的近地表吸收结构变化也严重降低了地震数据反映薄层结构和表征储层变化的能力。学术界和工业界对近地表吸收结构观测和补偿方法开展了大量的理论研究和技术攻关，并取得了卓有成效的研究成果。

近地表吸收结构观测方法

地震微测井是近地表速度结构调查的常用方法，在野外静校正工作中发挥了重要作用。受近地表速度结构调查的启示，利用地震微测井进行近地表吸收结构调查也具有理论上的可行性。但是，在工程实践中，直接利用地震微测井进行吸收结构调查会遇到诸多困难。地震勘探技术人员对此进行了不懈的研究和探索，发展了多种地震微测井近地表吸收结构野外观测方法，下面分别进行介绍和讨论。

2.1.1　上行波微测井

如图 2.1 所示，单井微测井是在一口井中实现激发或者接收的微测井方法，其中，井中激发，地面接收，称为上行波微测井；井中接收，地面激发，称为下行波微测井。上行波微测井是应用更为广泛的单井微测井观测系统，在激发井附近的地表埋置检波器，由深至浅，按照一定的炮点间隔使用雷管或者电火花进行激发，地表检波器接收来自不同激发深度的地震信号，由此形成一个共检波点道集 $u_i(t)$，$i = 1, 2, \cdots, n$，其中，n 为炮点个数。地震记录的振幅谱为

$$U_i(f) = S_i(f) G(f) \exp\left(-\frac{\pi f t_1}{Q}\right) \tag{2.1}$$

式中　$S_i(f)$——不同炮点所激发的地震子波振幅谱；

　　　$G(f)$——检波点的耦合响应；

　　　$-\dfrac{\pi f t_1}{Q}$——地震波经历的频率衰减；

　　　Q——品质因子。

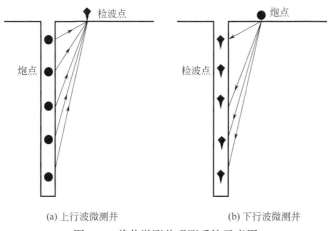

(a) 上行波微测井　　　　　　　　　　(b) 下行波微测井

图 2.1　单井微测井观测系统示意图

可以看出，地震记录的振幅谱除了与其经历的吸收有关之外，还与激发子波和耦合响应有关。就上行波微测井而言，虽然共检波点道集中的每个地震道具有相同的耦合响应，但具有不同的激发子波。激发子波的差异会严重降低近地表 Q 的估算精度，这个问题将在 2.3 节中详细讨论。

2.1.2　下行波微测井

与上行波微测井相对应的是下行波微测井。这类观测系统是在地面激发，井中接收，由于检波器接收到的是卜行波地震信号，因此被称作下行波微测井，如图 2.1(b) 所示。具体施工方法是：首先打一口接收井，其深度要穿过低速带和减速带，在井中的不同深度安置检波器，然后，在接收井附近激发地

震波，由此得到不同深度接收的共炮点道集 $u_i(t)$, $i = 1, 2, \cdots, m$，其中，m 为不同深度的检波点个数。共炮点道集的振幅谱为

$$U_i(f) = S(f) G_i(f) \exp\left(-\frac{\pi f t_1}{Q}\right) \qquad (2.2)$$

式中　$S(f)$——激发子波振幅谱；

　　　$G_i(f)$——不同深度检波点的耦合响应；

　　　$-\dfrac{\pi f t_1}{Q}$——地震波经历的频率衰减。

可以看出，就下行波微测井而言，虽然不同地震记录具有相同的激发子波，但其具有不同的检波器耦合响应。检波点耦合响应的差异同样会严重降低近地表 Q 的估算精度，这个问题将在 2.3 节中详细讨论。

2.1.3　双井微测井

双井微测井是在近地表吸收结构调查实践中探索出来的更加适合于吸收结构反演的一种野外观测方法。顾名思义，如图 2.2 所示，双井微测井需要打两口井，一口是激发井，另外一口是接收井，两口井的水平距离一般在 10m 之内。在接收井的井口和井底分别安置检波器，地震波的激发方式与上行波微测井类似。在激发井中，由深至浅按照一定的深度间隔依次激发地震波，井底和井口检波器同时接收不同深度激发的地震信号。不同于单井微测井，双井微测井观测方法在很大程度上能够消除激发和耦合因素的差异对 Q 估算的影响。

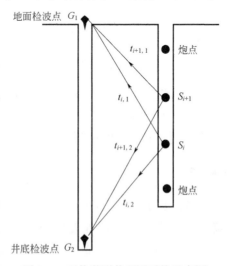

图 2.2　双井微测井观测系统示意图

在图 2.2 中，第 i 炮和第 $i+1$ 炮激发，地面检波器接收的地震信号的振幅谱分别为

$$U_{i,1}(f) = S_i(f)\, G_1(f) \exp\left(-\frac{\pi f t_{i,1}}{Q}\right) \tag{2.3}$$

$$U_{i+1,1}(f) = S_{i+1}(f)\, G_1(f) \exp\left(-\frac{\pi f t_{i+1,1}}{Q}\right) \tag{2.4}$$

式中 $t_{i,1}$、$t_{i+1,1}$——第 i 炮和第 $i+1$ 炮到达地面检波器的旅行时间。

由于第 i 炮的旅行时间要大于第 $i+1$ 炮的旅行时间，因此，第 i 炮的振幅谱比上第 $i+1$ 炮的振幅谱，然后取对数，有

$$A_1(f) = \ln S_i(f) - \ln S_{i+1}(f) - \frac{\pi f}{Q}\Delta t_1 \tag{2.5}$$

式中 Δt_1——两个激发点到达地面旅行时之差，$\Delta t_1 = t_{i,1} - t_{i+1,1}$。

同理，利用第 i 炮和第 $i+1$ 炮激发、井底检波器接收的地震信号 $U_{i,2}(f)$ 和 $U_{i+1,2}(f)$ 重复上面的过程。所不同的是，由于井底检波器接收时，第 $i+1$ 的旅行时要大于第 i 炮的旅行时，因此，利用第 $i+1$ 炮的振幅谱比上第 i 炮的振幅谱，然后再取对数，有

$$A_2(f) = \ln S_{i+1}(f) - \ln S_i(f) - \frac{\pi f}{Q}\Delta t_2 \tag{2.6}$$

式中 Δt_2——第 $i+1$ 炮和第 i 炮到达井底检波器的时差。

式(2.5)与式(2.6)相加，有

$$A(f) = A_1(f) + A_2(f) = -\frac{\pi f}{Q}(\Delta t_1 + \Delta t_2) \tag{2.7}$$

很明显，经过以上运算，衰减函数 $A(f)$ 只剩下地层吸收的影响，不存在激发子波和耦合响应对衰减函数的贡献。也就是说，在利用衰减函数 $A(f)$ 计算品质因子 Q 时，完全消除了激发子波和耦合响应的差异对 Q 估算的影响。

通过以上讨论可以看出，与单井微测井相比，双井微测井能够消除激发和接收响应的差异对 Q 估算的影响，更适合于对近地表吸收结构进行地震观测和 Q 反演。需要进一步指出的是，尽管以上观测方法具有消除激发和接收差异的理论优势，但是，与表层结构有关的波场差异、干涉差异、噪声差异以及近场因素等依然会严重干扰 Q 因子反演的精度和可靠性。

2.1.4 多井微测井

在前面介绍的双井微测井观测系统中，只是在接收井的井口和井底分别设

置了检波器。理论上讲，除了井口和井底之外，还应该在接收井的不同深度也设置一些检波器，为 Q 因子反演提供更多的冗余信息，增强 Q 反演的稳定性和可靠性。但是，在工程实践中，将检波器推靠在不同深度的井壁上，并与地层完全耦合，并不是一件容易的事情。为解决上述问题，大港油田的工程技术人员探索出了一种多井微测井的观测方法，其观测结果等价于上述不同深度设置检波器的双井微测井观测方式，且避免了检波器与井壁的耦合问题。

图 2.3(a)给出了多井微测井示意图，以激发井为圆心，围绕激发井打多口不同深度的接收井，在每口井的井底分别设置检波器，且检波器的型号和性能保持一致。为测试这种观测系统的有效性，大港油田在观测实验中，首先打了一口深度为 20m 的激发井，然后，围绕激发井在半径为 6m 的圆周上打了 14口不同深度的接收井，接收井最大深度 9m。图 2.3(b)显示了 15m 深度激发，不同深度检波器接收的地震信号振幅谱。可以看出，随着接收深度的减小，地震波旅行时间增加，地震信号的主频不断向低频移动。深度 9m 时地震信号的主频大致为 360Hz，地面接收时地震信号的主频大致为 120Hz。地震波在厚度9m 的近地表地层中，主频衰减了 240Hz，由此可以看出近地表吸收的严重性和近地表补偿的重要性。

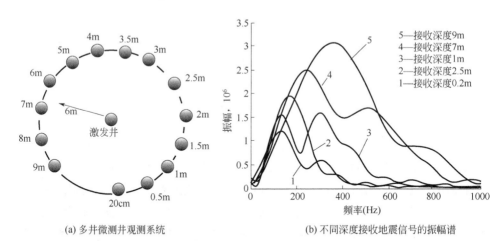

(a) 多井微测井观测系统　　　　　(b) 不同深度接收地震信号的振幅谱

图 2.3　多井微测井及其接收信号的振幅谱

2.1.5　井地联合微测井

大港油田的工程技术人员在长期的近地表吸收结构调查中发现，井底检波器接收与地面检波器接收的地震波场存在明显差异，井底检波器地震波场比地面检波器地震波场更为复杂。这种差异除了耦合因素的影响之外，还有波场转换、波场干涉、噪声干扰等多种因素的影响。特别是当井深较大时，钻井过程及其地下水本身使得井底附近都是疏松的烂泥，很难保证检波器与井底地层完全耦合。除此之外，井底检波器还很容易受管波等其他波场的干扰。

　　理论上讲，如图 2.4 所示，并不需要在井底埋置检波器，采用井下激发、地面接收的方式，利用初至波信息也可以反演地下吸收结构。在这种观测方式中，所有检波器都安置在地表，只要野外采用严格的质控措施，很容易保证检波器与地面耦合的一致性，且不同地表位置记录的地震信号不会有太大的波场差异。但是，当低速带和降速带的速度存在较大差异时，这种观测方式无法得到低速带的吸收参数。如图 2.4 所示，由于低速带和降速带速度差异很大，地震波在低速带中几乎都是垂直传播，不同位置接收的地震信号在低速带经历了相同的衰减作用。也就是说，低速带吸收对于不同位置地震信号的频谱差异没有贡献，其作用类似于检波器与地面的耦合响应。因此，这种方式接收的地震信号无法反演低速带的吸收参数。当然，理论上讲，这个问题可以通过在低速带激发地震波来回避和解决。但是，当激发点在低速层时，面波干扰会严重污染地表接收的地震信号，在共炮点道集上，几乎无法识别初至波信号。

　　为此，如图 2.4 所示，在激发井附近打一口比较浅的接收井，井深不要超过低速带的厚度。在这口井的井底安置检波器，利用井底检波器和井口检波器的频谱差异估算低速带的吸收参数。由于这口接收井的井深较浅，在渤海湾地区一般不会超过 3m，能够相对容易地保障井底检波器与地下介质的完全耦合。

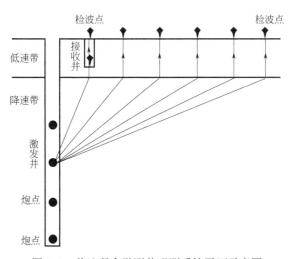

图 2.4　井地联合微测井观测系统平面示意图

2.2 近地表吸收结构反演方法

吸收参数层析反演是在速度层析反演的基础上发展而来的，区别在于，速度层析反演基于地震信号在不同空间位置的旅行时间的变化，而吸收参数层析反演基于地震信号在不同空间位置的频率变化。在反演地层的吸收结构前，往往需要用到地层的速度结构，因此，首先简单介绍速度层析反演的基本原理。

2.2.1 速度层析反演

根据地震射线理论，地震波在地下介质的传播旅行时 t 与慢度 s 的关系可以表示为

$$t = \int_{L(s)} s(x,y)\,\mathrm{d}l \tag{2.8}$$

式中　t——地震波传播旅行时；

　　　$L(s)$——射线路径；

　　　$s(x,y)$——地震波传播的慢度（速度的倒数），$s(x,y)=1/v(x,y)$；

　　　$\mathrm{d}l$——沿射线路径的距离增量。

为了进行数值计算，需要将式(2.8)进行离散化，得

$$t_i = \sum_{j=1}^{n} l_{ij}s_j \qquad i = 1,2,\cdots,m \tag{2.9}$$

式中　m——观测旅行时个数（即检波器个数）；

　　　n——离散模型网格点个数。

式(2.9)可改写为矩阵向量形式

$$t = Ls \tag{2.10}$$

或

$$\begin{pmatrix} t_1 \\ t_2 \\ \vdots \\ t_m \end{pmatrix} = \begin{pmatrix} l_{11} & l_{12} & \cdots & l_{1n} \\ l_{21} & l_{22} & \cdots & l_{2n} \\ \vdots & \vdots & & \vdots \\ l_{m1} & l_{m2} & \cdots & l_{mn} \end{pmatrix} \begin{pmatrix} s_1 \\ s_2 \\ \vdots \\ s_n \end{pmatrix} \tag{2.11}$$

式中　t——由观测走时构成的 m 维列向量；

　　　s——由离散模型网格点处的慢度构成的 n 维列向量；

　　　L——$m \times n$ 维系数矩阵，其元素 l_{ij} 表示第 j 条射线经过第 i 个网格单元的路径长度。

在地震走时层析反演问题中，一般是已知地震走时 t 求解地震波慢度 s（或者速度）的过程。需要注意的是，公式（2.10）看似是线性关系，但是地震波慢度 s 和系数矩阵 L 都是未知的，而且射线路径并非慢度的线性函数，因此地震走时层析反演是个非线性反演问题，可以采用逐次迭代法进行求解。该方法具体实施过程为：首先，给定一个初始模型 s_0，根据该初始模型计算地震波传播的射线路径和正演模拟走时 t_0；然后，根据模拟走时 t_0 和实际观测走时 t_m 的残差 δt，计算模拟慢度的修正量 δs，进而得到更新的慢度模型 $s = s_0 + \delta s$；最后，反复迭代更新慢度模型，直到模拟的理论走时与观测走时满足一定条件为止，此时的慢度模型即为反演结果。根据慢度模型，可以进一步获得速度模型。

2.2.2　吸收结构层析反演

在速度层析反演的基础上，可以进一步完成吸收结构层析反演。在求取吸收衰减时，由于时间域的方法容易受到噪声的干扰，算法稳定性差，因此本次采用频率域的方法。接下来主要介绍利用谱比法和质心频移法来构建衰减项，并通过层析反演求取 Q 的过程。

1. 基于谱比法的 Q 层析反演

假设地下为层状介质，地震波穿过地下介质后被检波器接收，两个不同时刻接收信号的振幅谱分别可以表示为

$$S_i(f) = G_i S(f) \exp\left(- \sum_{k=1}^{n} \frac{\pi t_{ik}}{Q_k} f \right) \tag{2.12}$$

$$S_j(f) = G_j S(f) \exp\left(- \sum_{k=1}^{n} \frac{\pi t_{jk}}{Q_k} f \right) \tag{2.13}$$

式中　$S_i(f)$、$S_j(f)$ ——第 i 道和第 j 道接收信号的振幅谱；

G_i、G_j——第 i 道和第 j 道接收信号经历的与频率无关的衰减量；

t_{ik}、t_{jk}——第 i 道和第 j 道地震信号在第 k 层的走时；

Q_k——第 k 层的品质因子；

n——地震波所经过的地层的层数。

将两个接收信号的振幅谱求比值并取对数，有

$$R_{ij}(f) = C_{ij} - \sum_{k=1}^{n} \frac{\pi \Delta t_{ijk}}{Q_k} f \tag{2.14}$$

其中
$$R_{ij}(f) = \ln \frac{S_i(f)}{S_j(f)} \quad C_{ij} = \ln \frac{G_i}{G_j}$$

式中 Δt_{ijk}——第 i 道与第 j 道的地震信号在第 k 层的走时时差。

式(2.14)左端对频率 f 进行线性拟合,其拟合斜率 p_{ij} 可以表示为

$$p_{ij} = -\sum_{k=1}^{n} \frac{\pi \Delta t_{ijk}}{Q_k} \tag{2.15}$$

假设共有 m 个接收道,式(2.15)的矩阵形式可以表示为

$$\begin{bmatrix} \Delta t_{211} & \Delta t_{212} & \cdots & \Delta t_{21n} \\ \Delta t_{321} & \Delta t_{322} & \cdots & \Delta t_{32n} \\ \vdots & \vdots & & \vdots \\ \Delta t_{m,m-1,1} & \Delta t_{m,m-1,2} & \cdots & \Delta t_{m,m-1,n} \end{bmatrix} \begin{bmatrix} \alpha_1 \\ \alpha_2 \\ \vdots \\ \alpha_n \end{bmatrix} = \begin{bmatrix} p_{21} \\ p_{32} \\ \vdots \\ p_{m,m-1} \end{bmatrix} \tag{2.16}$$

其中
$$\alpha_k = -\pi Q_k^{-1}$$

注意,公式(2.16)中采用相邻道的对数谱比构建矩阵方法,在实际应用中,也可以采用非相邻道的数据进行,这样可以减少由于相邻道靠得太近时 Δt 过小引起的误差和不稳定性。式(2.16)可以进一步简写为

$$\boldsymbol{Ta} = \boldsymbol{p} \tag{2.17}$$

求取最优的地层吸收衰减,可以最小化如下的目标函数

$$J(\boldsymbol{a}) = \min_a \| \boldsymbol{Ta} - \boldsymbol{p} \|_2^2 + \| \boldsymbol{a} \|_2^2 \tag{2.18}$$

其最小二乘解可表示为

$$\boldsymbol{a} = (\boldsymbol{T}^{\mathrm{T}}\boldsymbol{T} + \lambda\boldsymbol{I})^{-1} \boldsymbol{T}^{\mathrm{T}}\boldsymbol{p} \tag{2.19}$$

基于谱比法的 Q 层析反演主要流程为:

(1)根据实际观测的地震数据确定地震波的初至旅行时间 t,进而利用速度层析反演求解地层的慢度模型 s 或者速度模型 v;

(2)根据速度模型利用射线追踪正演模拟获得地震波传播过程中在每个网格点的路径 L 和每个网格点的旅行时;

(3)根据观测数据计算任意两道的谱比斜率 p_{ij},并构建谱比斜率列向量 $\boldsymbol{p}$;

(4)根据地震波传播过程中在每个网格点的旅行时,构建旅行时差矩阵 $\boldsymbol{T}$;

(5)根据公式(2.19)得到 Q 层析反演结果。

2. 基于质心频移法的 Q 层析反演

Quan 和 Harris(1997)根据参考子波衰减前后地震频谱质心频率的变化来估算 Q 值,称为质心频移法。假设地震波的传播过程可以由输入信号、地

层响应和输出信号三者的线性系统来描述

$$R(f) = GS(f)H(f) \tag{2.20}$$

式中　$S(f)$——输入信号的振幅谱；

　　　$R(f)$——输出信号的振幅谱；

　　　G——与地层吸收无关的项，包括几何扩散、反射透射损失、震源和检波器耦合特性等；

　　　$H(f)$——与吸收衰减相关的项。

实验表明，对于带限的地震数据，衰减通常正比于频率，并与地震波射线的路径、传播速度有关，表示式为

$$H(f) = \exp\left(-f\int_{\text{ray}} \alpha_0 \, dl\right) \tag{2.21}$$

式中　α_0——衰减因子，其定义式为 $\alpha_0 = \pi/(Qv)$。

另外，定义输入信号振幅谱的质心频率 f_S 和方差 σ_S^2 分别为

$$f_S = \frac{\int_0^\infty f S(f) \, df}{\int_0^\infty S(f) \, df}, \quad \sigma_S^2 = \frac{\int_0^\infty (f - f_S)^2 S(f) \, df}{\int_0^\infty S(f) \, df} \tag{2.22}$$

同理，定义接收信号振幅谱的质心频率 f_R 和方差 σ_R^2 分别为

$$f_R = \frac{\int_0^\infty f R(f) \, df}{\int_0^\infty R(f) \, df}, \quad \sigma_R^2 = \frac{\int_0^\infty (f - f_R)^2 R(f) \, df}{\int_0^\infty R(f) \, df} \tag{2.23}$$

假设输入信号的振幅谱为高斯函数，则

$$S(f) = \exp\left[-\frac{(f - f_S)^2}{2\sigma_S^2}\right] \tag{2.24}$$

推导可得输出信号振幅谱为

$$R(f) = G\exp\left[-\frac{(f - f_0)^2}{2\sigma_S^2}\right] \exp\left(-f\int_{\text{ray}} \alpha_0 \, dl\right)$$

$$= G\exp\left(-\frac{f_d}{2\sigma_S^2}\right) \exp\left[-\frac{(f - f_R)^2}{2\sigma_S^2}\right] \tag{2.25}$$

其中　　$f_R = f_S - \sigma_S^2 \int_{\text{ray}} \alpha_0 \, dl$, $\quad f_d = 2f_S\sigma_S^2 \int_{\text{ray}} \alpha_0 \, dl - \left(\upsilon_S^2 \int_{\text{ray}} \alpha_0 \, dl\right)^2$

进而，输入信号振幅谱的质心频率 f_S 与接收信号振幅谱的质心频率 f_R 之间的关系为

$$\int_{\text{ray}} \alpha_0 \mathrm{d}l = (f_{\text{S}} - f_{\text{R}}) / \sigma_{\text{S}}^2 \tag{2.26}$$

式(2.26)即为质心频移法估算 Q 值的核心，质心频移法的目标是利用已知的输入信号的振幅谱 $S(f)$ 和输出信号的振幅谱 $R(f)$，估算出衰减因子 α_0。

在水平层状介质中，公式(2.26)的离散形式可以表达为

$$\sum_{k=0}^{n} \alpha_k l_{jk} = \frac{f_{\text{S}} - f_{\text{R}_j}}{\sigma_{\text{S}}^2} \tag{2.27}$$

式中　j——检波点序号；

　　　k——地层序号；

　　　n——地层总数；

　　　l_{jk}——第 j 个检波器接收的信号在第 k 层的旅行时。

在实际资料的处理中，激发信号振幅谱的质心频移无法获得，可以假设

$$f_{\text{S}} = \bar{f}_{\text{S}} + \Delta f \tag{2.28}$$

式中　$\bar{f}_{\text{S}}$——各接收点振幅谱的质心频率中的最大的值，$\bar{f}_{\text{S}} = \max \ (f_{\text{R}_j})$；

　　　Δf——质心频率的差值。

根据以上假设，公式(2.27)可以进一步改写为

$$\sum_{k=0}^{n} \alpha_k l_{jk} - \frac{\Delta f}{\sigma_{\text{S}}^2} = \frac{\bar{f}_{\text{S}} - f_{\text{R}_j}}{\sigma_{\text{S}}^2} \tag{2.29}$$

式(2.29)可以表示成如下的矩阵形式

$$\begin{bmatrix} l_{11} & l_{12} & \cdots & l_{1n} & -\dfrac{1}{\sigma_{\text{S}}^2} \\ l_{21} & l_{22} & \cdots & l_{21} & -\dfrac{1}{\sigma_{\text{S}}^2} \\ \vdots & \vdots & \vdots & \vdots & \vdots \\ l_{m1} & l_{m2} & \cdots & l_{mn} & -\dfrac{1}{\sigma_{\text{S}}^2} \end{bmatrix} \begin{bmatrix} \alpha_1 \\ \alpha_2 \\ \vdots \\ \alpha_n \\ \Delta f \end{bmatrix} = \begin{bmatrix} \dfrac{\bar{f}_{\text{S}} - f_{\text{R}_1}}{\sigma_{\text{S}}^2} \\ \dfrac{\bar{f}_{\text{S}} - f_{\text{R}_2}}{\sigma_{\text{S}}^2} \\ \vdots \\ \dfrac{\bar{f}_{\text{S}} - f_{\text{R}_n}}{\sigma_{\text{S}}^2} \end{bmatrix} \tag{2.30}$$

或　　　　　　　　　　　　　　$\boldsymbol{La} = \boldsymbol{b}$ （2.31）

式中　m——检波器的个数。

方程(2.31)可以用迭代重建法、奇异值分解法、最小二乘 QR 分解法等来解决。

为验证上述方法的正确性，进行了如下的模型实验。图 2.5（a）为近地表模型，该模型分为三层，各层的参数如下：第一层的厚度为 10m，速度为 400m/s，品质因子 Q_1 为 1.87；第二层的厚度为 30m，速度为 800m/s，品质因子 Q_2 为 8.57；第三层的速度为 1000m/s，品质因子 Q_3 为 14.0。激发井的深度为 65m，炮点深度从 5m 到 65m，间隔为 5m；接收井的深度为 3m，与激发井的距离是 10m，接收井的井口和井底分别布置检波器。沿激发井和接收井连线方向布设一个短排列，检波点间距为 10m，检波点与激发井的最小和最大距离分别是 10m 和 90m。采用射线追踪算法进行地震波场正演模拟，得到每个激发点直达波的射线路径。图 2.5（b）展示了激发点深度为 60m 时直达波的射线路径。

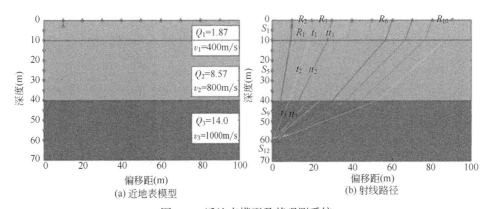

图 2.5　近地表模型及其观测系统

图 2.6 为正演模拟得到的某个共炮点道集，第 1 道为井底检波器接收的直达波信号，其余依次是 9 个地面检波器接收的直达波信号。分别利用谱比法和质心频移法进行吸收参数层析反演，图 2.7 是反演结果，两种方法都得到了较为可靠的反演结果。需要指出的是：由于该实验是理论模型，没有噪声和其他波场的干扰，且地震子波为雷克子波，其频谱接近于高斯函数，实验结果只能说明反演算法的正确性，不能说明反演方法对实际问题的适应性。这个问题将在 2.3 节进行讨论。

2.2.3　实际工区应用

采用井地联合微测井观测方式，大港油田于 2018 年完成了整个探区陆地部分的近地表吸收结构调查工作。测点网格为 2km×2km，局部地区加密为

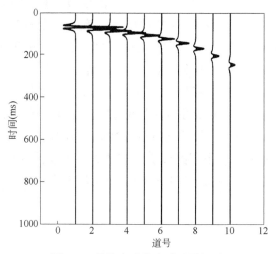

图 2.6　共炮点道集合成地震记录

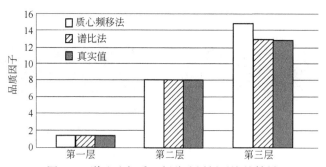

图 2.7　谱比法与质心频移法层析反演的结果

1km×1km，测点总计 982 个。下面仅展示其中一个区块的观测和反演结果。地震信号采用电火花激发，与炸药震源相比，电火花震源具有安全、环保、稳定可控等优点。图 2.8 是观测系统示意图，激发井深 25m，激发点深度由深至浅依次为 25m、22m、19m、16m、14m、12m、10m、8m、7m、6m、5m、4m、

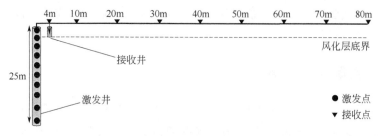

图 2.8　井地联合微测井观测系统示意图

3m、2.5m、2m、1.5m、1m、0.5m，总计 18 炮。接收井与激发井相距 4m，井深 3m。共布设了 10 个地震道，井底检波器为第 1 道，井口检波器为第 2 道，第 3 道距离激发井 10m，然后以 10m 为间距，等间隔布设其余 7 个地震道，检波器距离激发井的最大距离为 80m。

图 2.9 是某测点激发深度为 25m 的共炮点道集，第 1 道和第 2 道分别是井底和井口接收的直达波信号，其波形和频率差异基本反映了低速层对地震信号的改造作用。第 2 道到第 10 道均为地面接收的初至波信号，由于它们均经历了近乎相同的低速层吸收作用，因此，其波形和频谱差异反映了降速层和高速层对地震信号的改造作用。在吸收结构反演之前，需要对地震信号进行分析和编辑，并按照一定的时窗将初至波信号分离出来，这是一项非常重要的基础工作，否则，很难保证反演结果的可靠性。

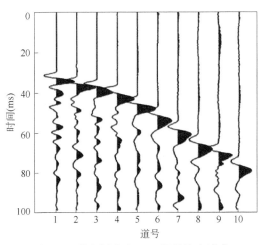

图 2.9　激发深度为 25m 的共炮点道集

利用谱比法和质心频移法分别进行了吸收参数反演，之所以采用两种方法，一是两种方法互有优缺点，二是为了验证反演结果的可靠性。在本例中，两种方法的差异不大，取两种方法的平均值作为最终反演结果。图 2.10 显示了本测点反演之后的速度模型和吸收参数模型。整体而言，大港油田近地表为三层结构，分别是低速层、降速层和高速层。图 2.11 显示了本区块三个层位的品质因子空间变化情况。低速层品质因子平均值在 3.5 左右，最小和最大值分别在 2.0 和 5.0 附近。降速层品质因子平均值在 10.4 左右，但空间变化较大，最小和最大值分别在 6.0 和 12.0 附近。高速层品质因子平均值为 55.6，空间变化也比较大，最小值和最大值分别在 30.0 和 60.0 附近。另外需要指出的是，就实验工作而言，品质因子和地层速度具有一定正相关关系，速度越大，品质因子也越大，但是，这种相关性在不同地区和不同地层存在较大差异。近地表的土质组分、压实程度、孔隙结构和潜水面变化都对品质因子产生影响。因此，开展深入细致的近地表吸收结构调查，消除近地表吸收对地震数据分辨率和保幅性能的影响具有非常重要的现实意义。

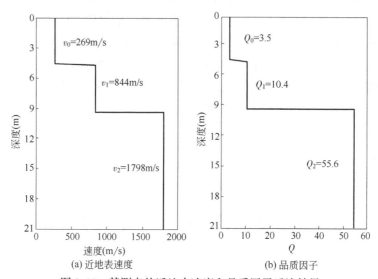

图 2.10　某测点的近地表速度和品质因子反演结果

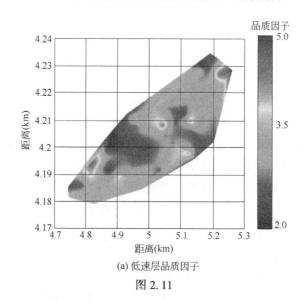

(a) 低速层品质因子

图 2.11

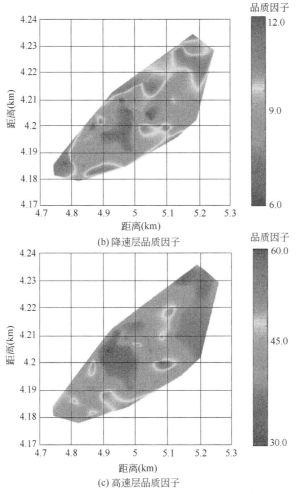

图 2.11　大港油田某区块近地表吸收结构分布图

2.3 影响因素分析

吸收参数反演所依据的是不同空间位置地震信号频率成分的变化，因此，除了地层吸收之外，任何其他影响地震信号频率变化的因素都会降低吸收参数反演的精度。首先，应该能够从地震记录中识别并分离出孤立的初至波信号（直达波、折射波或回转波），且这些信号尽量不被噪声污染和波场干涉，这本身就不是一件容易的事情。另外，参与吸收参数反演的地震信号应该具有相同的激发响应和检波器耦合响应，或者反演算法本身能够消除不同激发和接收因素对地震信号频谱的影响。再者，现有的吸收参数估算方法都是基于远场观测假设，若地震信号中包含过多的近场分量，则反演算法应该考虑并消除近场因素的影响。总之，地震微测井近地表吸收结构观测和反演方法看似简单，但是，要真正得到可靠的近地表吸收参数并非易事。

2.3.1 激发子波的差异

激发子波的差异是指震源和激发环境的差异导致的子波变化。理论上讲，若不存在激发子波的差异，根据同一检波器接收到的不同深度激发的地震信号，利用上行波微测井就可以计算地层吸收参数。然而，由于不同深度激发的地震子波存在差异，该方法很难得到可靠的品质因子 Q 值。

图 2.12 是井中不同深度激发、地面同一个检波器接收的两个直达波信号及其频谱，震源激发深度分别为 40m 和 10m。尽管 40m 激发的地震信号传播到地面检波器时经历了更多的地层吸收，但它的主频依然比 10m 激发的地震信号高出 47Hz。若不考虑激发因素的差异，直接采用谱比法计算品质因子 Q，则会得到一个负的品质因子 Q，这显然违背了地震波衰减的物理意义。这说明了震源子波差异带来的影响是不容忽视的，它掩盖了吸收本身对振幅谱的影响。在求取品质因子 Q 时，应当尽量保证所有地震信号具有相同的震源子波，或者能够在品质因子 Q 反演的过程中消除激发子波差异带来的影响。

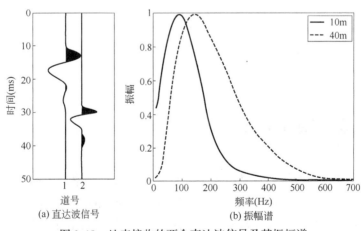

图 2.12 地表接收的两个直达波信号及其振幅谱

实际上，上述现象并不是偶然的，这在地震微测井资料中非常普遍。

图 2.13 显示了某油田采用上行波微测井得到的共检波点道集及其频谱。最小激发深度为 10m，最大激发深度为 40m，由深及浅间隔 1m 依次激发。理论上，在该共检波点道集中，炮检距随着激发深度的增加而增大，地层吸收也随着激发深度的增加而增大，因此，地震信号的主频应该随着激发深度的增大而减小。然而，在图 2.13 中出现了相反的规律，接收信号的主频随着激发深度的增加而增大。震源子波与激发环境有关，地层越深，压实作用越好，雷管激发的子波主频越高，由此产生了上述看似反常的现象。

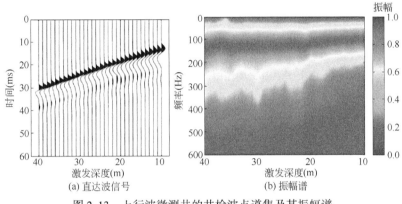

图 2.13　上行波微测井的共检波点道集及其振幅谱

2.3.2　检波点耦合的差异

检波点耦合差异是指检波器在埋置过程中与地层耦合程度不同，产生了不一致的耦合相应，这种差异在地面和井中检波器之间尤为明显。在估算品质因子 Q 时，往往假设各个检波器的耦合响应是一致的。实际上，检波点耦合差异会给 Q 值估算结果带来较大的误差，或者直接导致无法求得合理的 Q 值。

图 2.14 展示了检波器耦合差异对地震信号频谱的影响。激发点深度为 21m，在距井口 5m、15m 位置处各安置一个编号为 5 和 11 的检波器，接收并记录下如图 2.14(b)所示的地震信号。理论上，5 号检波器接收的地震信号经历了更多的吸收衰减，其主频应该低于 11 号检波器所接收的地震信号。但是，从两者的振幅谱可以看出，5 号检波器地震信号的主频高于 11 号检波器，也就是说，传播距离远，吸收衰减严重的地震信号反而具有更高的频率，这有悖于地震波衰减的物理意义，这一反常现象很可能来源于检波器耦合的差异。

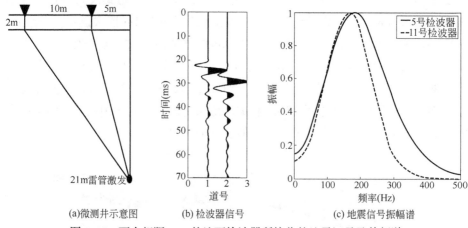

(a)微测井示意图　　(b) 检波器信号　　(c) 地震信号振幅谱

图 2.14　两个相距 10m 的地面检波器所接收的地震记录及其频谱

图 2.15 展示另外一个检波点耦合实验。在本实验中，激发深度分别为 1m、5m、9m。在距离激发井 5m 的地面上安置 5 个 20DX 检波器，其中，1 号、2 号和 3 号检波器正常埋置，与地面耦合相对较好；4 号和 5 号检波器斜插于地面，与地面耦合较差。图 2.15(b) 展示了其中一炮的地震记录，可以看出，耦合不好的两个地震道与耦合较好的三个地震道在波形和频率上存在明显差异。更加需要注意的是，即使在 3 个耦合较好的地震道中，它们之间的波形也并非完全一致，也存在着肉眼可见的差异。

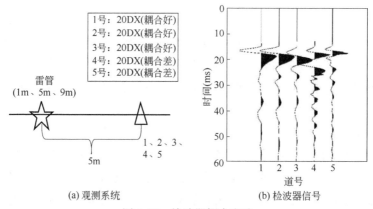

(a) 观测系统　　　　　　(b) 检波器信号

图 2.15　检波器耦合实验

2.3.3　面波干扰的影响

在微测井地震记录中，面波是主要干扰波之一。特别是当激发深度较小

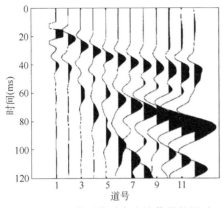

图 2.16　面波干扰对直达波信号的影响

时，面波与直达波干涉在一起，严重影响直达波的提取。图 2.16 展示了一个激发深度为 3m 的共炮点道集。可以看出，在浅层激发时，面波的能量较强，远炮检距初至波与面波干涉在一起，难以分离孤立的直达波信号。此外，虽然近炮检距看似面波干扰不是很强，实际上面波干扰依然存在，只是由于两者到达时的差异不是很大，在时间方向上没有分开，完全干涉在一起。因此，在井

地联合微测井采集的地震记录中，低速层之上激发的地震记录几乎不能用于吸收参数的地震反演，低速层吸收参数由深部激发，井口检波器和井底检波器的直达波进行求取。这正是利用井地联合微测井进行地震数据采集的主要原因。另外需要指出的是，由于现有的面波干扰压制方法都会或多或少地影响了地震信号的频谱特征，因此，不建议在吸收参数估算之前采用面波压制技术，最好是采用道编辑和炮编辑的方法对干扰较为严重的地震道或者道集进行剔除。

2.3.4　浅层折射波的影响

震源激发时，会产生沿潜水面或其他速度差异较大界面传播的滑行波，进而形成浅层折射波。折射波与直达波混叠在一起，很难区分，特别是在远炮检距位置，初至波已经变为浅层折射波。图 2.17 展示了一个受折射波干扰的共炮点道集。对于等间距布设检波器的小排列而言，共炮点道集中的初至时间应该是一条斜率稳定的直线。很明显，图 2.17 中的初至时间并不是一条斜率稳定的直线，远炮检距的初至波是直达波和折射波的复合波，且折射波到达时间明显早于直达波到达时间。因此，当使用地面小排列进行吸收参数反演时，应该分清哪些是直达波，

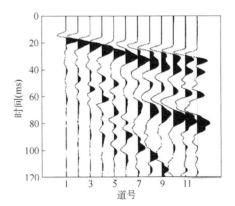

图 2.17　受折射波干扰的地面
小排列共炮点道集

哪些是折射波，在此基础上，再利用直达波信号进行吸收结构反演。当然，若反演算法本身能够基于速度模型判断出哪些初至波是直达波，哪些初至波是折射波，并且在吸收结构层析反演时，能够基于各自的路径计算衰减函数，则在一定程度上可以避免两者干涉的影响。

2.3.5　虚反射的影响

当反射波与直达波的旅行时差较小时，反射波与直达波干涉在一起，影响直达波的提取精度。在双井微测井中，对于浅部激发、深部接收的道集，直达波很容易受虚反射的影响。图 2.18(a)描述了虚反射的形成过程，对于两层结构的近地表模型，S 点激发地震波，检波器 G 接收到的地震信号主要来自三部分：炮点到检波点的直达波（实线）、地面的虚反射（点线）、潜水面的虚反射（短划线），三者发生干涉，形成复合波。图 2.18(b)是不同深度激发、井底检波器接收到的共检波点道集，激发点深度从 40m 到 1m 每间隔 1m 依次激发。可以看出，有两条与直达波斜率相反的同相轴，分别是来自地面和潜水面的虚反射。当激发深度较浅时，虚反射和直达波的旅行时差较小，两者干涉在一起。在实际工作中，即便是应用频率(f)—波数(k)滤波等波场分离技术，也很难将两者完全分离出来，因此，在应用该数据进行 Q 反演时，应尽量避免虚反射对直达波的影响。

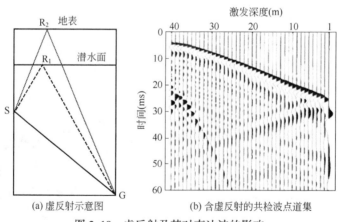

图 2.18　虚反射及其对直达波的影响

2.3.6　近场的影响

通常情况下，地震信号是由远场和近场两部分组成的。对于常规地震，由于传播路径较远，近场分量往往可以忽略不计。然而，在利用微测井地震采集进行 Q 参数观测时，近场分量对 Q 估算具有不可忽视的影响。理论分析和模型实验表明，近场分量会产生一种与固有衰减同一量纲的视衰减，严重影响了 Q 值的估算。因此，在利用微测井数据和小折射数据估算近地表 Q 时，应该充分考虑近场分量的影响，否则 Q 估算会出现较大偏差甚至错误。

理论分析和现场实验证明，在近似均匀各向同性介质中，近场对频谱特征的影响主要表现在低频段，特别是 100Hz 以下。因此，在 Q 估算和反演时，应尽量使用地震信号中的高频分量。图 2.19（a）是一个双井微测井观测系统，激发井深为 20m，分别于 16m、20m 激发两炮，接收井井深为 3m，在井口和井底分别安置一个相同类型的检波器，且两者均牢固地与地层耦合。图 2.19（b）是 16m 激发时井口和井底接收的地震记录，图 2.19（c）是其对应的振幅谱。图 2.19（d）是 20m 激发时，井口和井底接收的地震记录，图 2.19（e）是其

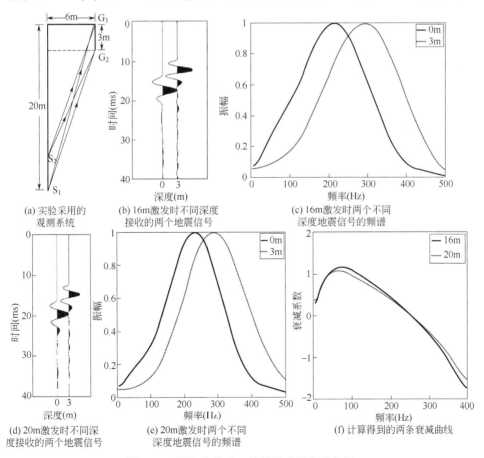

(a) 实验采用的
观测系统

(b) 16m激发时不同深度
接收的两个地震信号

(c) 16m激发时两个不同
深度地震信号的频谱

(d) 20m激发时不同深
度接收的两个地震信号

(e) 20m激发时两个不同
深度地震信号的频谱

(f) 计算得到的两条衰减曲线

图 2.19 近场分量对 Q 估算影响的实验分析

对应的振幅谱。对于每一炮的两个地震道而言，由于是同一炮激发，它们具有相同的震源子波，不存在激发因素差异。两个检波器类型相同且均与地层紧密地耦合，因此，检波点耦合的差异不是很大。首先利用16m深度激发的两个地震信号计算地震信号衰减曲线，其结果如图2.19(f)中的实线所示。同理，再利用20m深度激发的两个地震信号计算其衰减曲线，其结果如图2.19(f)中的虚线所示。可以看出，由于近场分量的影响，100Hz之下衰减函数出现异常，利用该频段求取的 Q 为负值，这是利用实际资料证明近场效应的一个有力证据。

在上一个实验中，尽管两个检波器都尽量与地层紧密地耦合，但依然无法排除检波器耦合差异对衰减曲线的影响。为此，大港油田进行了一个更加缜密的野外实验，以期望完全消除激发因素差异、耦合因素差异、波场干涉差异对衰减曲线的影响，真正核实近场效应的存在及其对 Q 估算的影响。图2.20是本次实验采用的观测，首先打两口深度均为9m的接收井，左边的为C井，右边的为D井，井距为10m，井口和井底分别安置相同类型的检波器。沿两口接收井的连线方向，在其外侧再打两口深度均为21m的激发井，激发井与接收井的距离为5m，左边的为A井，右边的为B井。之所以采用这种观测方式，是由于这种方式可以完全消除激发子波和耦合因素的差异对衰减函数和品质因子估算的影响，其基本原理见本章的双井微测井部分，这里不再赘述。图2.21(a)是A井激发时，C井和D井的井底检波器接收的地震记录。图2.21(b)是B井激发时，C井和D井的井底检波器接收的地震记录。利用这

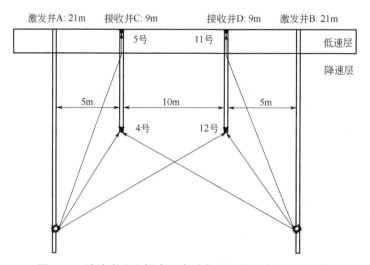

图2.20　消除激发和耦合因素对衰减函数影响的观测系统

4个地震道计算两个井底检波器之间的衰减函数，该衰减函数除了地震波传播过程本身的影响之外，不再受其他因素的影响。图2.21(c)显示了利用以上方法观测和计算的衰减函数，与前面的实验结果类似，该实验依然可以明显地看到近场效应对衰减曲线的影响。

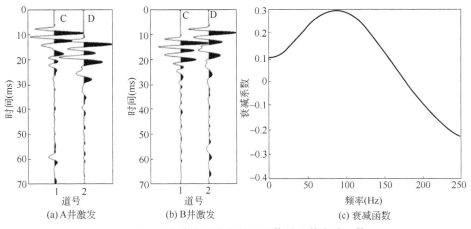

图2.21　井底检波器接收的地震信号及其衰减函数

思考题和习题

1. 近地表吸收结构观测系统有哪些？它们都有什么特点？

2. 井地联合微测井观测方式有哪些优点？

3. 吸收参数反演方法有哪些？它们的依据是什么？

4. 吸收参数反演的影响因素有哪些？它们是怎么产生的？

第3章

地下吸收结构观测与反演方法

全深度吸收结构建模大致可以分为近地表吸收结构建模和地下吸收结构建模两部分。第2章讨论了利用微测井地震观测进行近地表吸收结构建模的方法及其影响因素。本章再进一步讨论地下吸收结构建模的观测与反演方法。

VSP 观测吸收结构反演

垂直地震剖面（简称 VSP）是一种地面激发、井中接收，利用直达波和反射波研究井旁构造和岩性的地震勘探技术。与地面地震资料相比，VSP 资料具有信噪比高、分辨率高、运动学和动力学特征明显等优点。VSP 地震采集中，地震波只经历了炮点端低降速带的影响，其高频成分相对于地面地震衰减得少一些，地震数据具有更高的分辨率。VSP 技术提供了地下地层结构同地面测量参数最直接的对应关系，可以为地震资料解释提供精确的速度模型和时深关系，标定地震反射的地质层位。另外，由于 VSP 数据能够提供比较可靠的直达波信号，更加适合于地层吸收结构的地震反演。利用 VSP 数据进行吸收参数估算已经成为 VSP 资料处理的重要研究内容。

3.1.1 零偏移距 VSP 地震波正演模拟

一维介质中的平面波可以表示为

$$P = P_0 \exp[\mathrm{i}(\omega t - kz)] \tag{3.1}$$

式中 P_0、P——初始平面波和传播距离 z 之后的平面波；

ω——角频率；

k——波数，$k = \omega / v$；

v——地震波速度。

在黏滞声学介质中，波数 k 不再为实数而是与吸收系数有关的复波数

$$K(\omega) = \frac{\omega}{c(\omega)} = \frac{\omega}{v(\omega)} - i\alpha(\omega) \tag{3.2}$$

式中　$c(\omega)$——地震波传播的复速度；

$\alpha(\omega)$——吸收系数。

吸收系数与品质因子的关系为

$$\alpha(\omega) = \frac{\omega}{2v(\omega)Q(\omega)} \tag{3.3}$$

公式(3.2) 可以进一步改写为

$$K(\omega) = k(\omega)\left(1 - \frac{i}{2Q(\omega)}\right) \tag{3.4}$$

由此，地震波传播的复速度可以表示为

$$\frac{1}{c(\omega)} = \frac{K(\omega)}{\omega} = \frac{1}{v(\omega)}\left(1 - \frac{i}{2Q(\omega)}\right) \tag{3.5}$$

Kolsky（1956）和 Futterman（1962）将相速度的表达式定义为

$$\frac{1}{v(\omega)} = \frac{1}{v_r}\left[1 - \frac{1}{\pi Q_r}\ln\left(\frac{\omega}{\omega_r}\right)\right] \tag{3.6}$$

式中　ω_r——参考频率；

v_r——参考频率处的速度；

Q_r——参考频率处的品质因子。

考虑到 Kolsky-Futterman 模型中的品质因子与频率近似无关，即 $Q(\omega) \approx Q_r$，将公式(3.6) 代入公式(3.5)，有

$$\frac{1}{c(\omega)} = \frac{1}{v_r}\left[1 - \frac{1}{\pi Q_r}\ln\left(\frac{\omega}{\omega_r}\right)\right]\left(1 - \frac{i}{2Q_r}\right) \tag{3.7}$$

在声学介质中，平面波垂直入射到介质 I 和介质 II 的分界面，其反射系数和透射系数分别为

$$\begin{cases} R = \dfrac{\rho_1 v_1 - \rho_2 v_2}{\rho_1 v_1 + \rho_2 v_2} \\[2mm] T = \dfrac{2\rho_1 v_1}{\rho_1 v_1 + \rho_2 v_2} \end{cases} \tag{3.8}$$

在黏滞声学介质中，平面波垂直入射到吸收介质分界面时，其反射系数和

透射系数不再是实数，而是与复速度相关的复数，有

$$\begin{cases} R = \dfrac{\rho_1 c_1 - \rho_2 c_2}{\rho_1 c_1 + \rho_2 c_2} \\ T = \dfrac{2\rho_1 c_1}{\rho_1 c_1 + \rho_2 c_2} \end{cases} \tag{3.9}$$

下面分析地震波在第 i 层和第 $i+1$ 层分界面处的传播情况。如图 3.1 所示，$D_i^*(\omega)$ 和 $U_i^*(\omega)$ 分别为第 i 层底界面的下行波和上行波，$D_{i+1}(\omega)$ 和 $U_{i+1}(\omega)$ 分别为第 $i+1$ 层顶界面的下行波和上行波。当第 i 层下行波 $D_i^*(\omega)$ 和第 $i+1$ 层上行波 $U_{i+1}(\omega)$ 同时传播到分界面时，有

$$\begin{cases} U_i^*(\omega) = R_i D_i^*(\omega) + T_i^* U_{i+1}(\omega) \\ D_{i+1}(\omega) = T_i D_i^*(\omega) + R_i^* U_{i+1}(\omega) \end{cases} \tag{3.10}$$

式中　R_i、T_i——地震波从上层介质入射的反射系数和透射系数；

　　　R_i^*、T_i^*——从下层介质入射的反射系数和透射系数。

根据公式(3.8)，可得这 4 个物理量满足如下关系

$$R_i^* = -R_i, T_i^* = 2 - T_i, T_i = 1 + R_i \tag{3.11}$$

将公式(3.11)代入公式(3.10)，有

$$\begin{cases} D_i^* = \dfrac{1}{T_i}(D_{i+1} + R_i U_{i+1}) \\ U_i^* = \dfrac{1}{T_i}(R_i D_{i+1} + U_{i+1}) \end{cases} \tag{3.12}$$

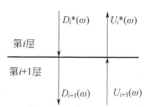

图 3.1　地震波在第 i 层和第 $i+1$ 层分界面处的传播示意图

考虑到地震波的吸收效应，如图 3.2 所示，则同一地层的顶界面和底界面的上行波、下行波之间存在如下的关系式

$$\begin{cases} D_i^*(\omega) = D_i(\omega) \mathrm{e}^{-\alpha \Delta z_i} \mathrm{e}^{-\mathrm{j}\omega \Delta z_i / c_i} \\ U_i^*(\omega) = U_i(\omega) \mathrm{e}^{\alpha \Delta z_i} \mathrm{e}^{\mathrm{j}\omega \Delta z_i / c_i} \end{cases} \tag{3.13}$$

式中　Δz_i——第 i 层的厚度；

　　　c_i——第 i 层的相速度。

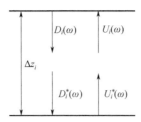

图 3.2　地震波在第 i 层内的传播示意图

将公式(3.13)代入公式(3.12)，得到第 i 层和第 $i+1$ 层上行波、下行波的递推关系

$$
\begin{cases}
D_i = \dfrac{\mathrm{e}^{\alpha \Delta z_i}\,\mathrm{e}^{\mathrm{j}\omega \Delta z_i/c_i}}{T_i}(D_{i+1}+R_i U_{i+1}) \\[4mm]
U_i = \dfrac{\mathrm{e}^{-\alpha \Delta z_i}\,\mathrm{e}^{-\mathrm{j}\omega \Delta z_i/c_i}}{T_i}(R_i D_{i+1}+U_{i+1})
\end{cases}
\tag{3.14}
$$

式(3.14)写成矩阵形式，有

$$
\begin{bmatrix} D_i \\ U_i \end{bmatrix} =
\begin{bmatrix}
\dfrac{\mathrm{e}^{\alpha \Delta z_i}\,\mathrm{e}^{\mathrm{j}\omega \Delta z_i/c_i}}{T_i} & \dfrac{R_i \mathrm{e}^{\alpha \Delta z_i}\,\mathrm{e}^{\mathrm{j}\omega \Delta z_i/c_i}}{T_i} \\[4mm]
\dfrac{R_i \mathrm{e}^{-\alpha \Delta z_i}\,\mathrm{e}^{-\mathrm{j}\omega \Delta z_i/c_i}}{T_i} & \dfrac{\mathrm{e}^{-\alpha \Delta z_i}\,\mathrm{e}^{-\mathrm{j}\omega \Delta z_i/c_i}}{T_i}
\end{bmatrix}
\begin{bmatrix} D_{i+1} \\ U_{i+1} \end{bmatrix}
\tag{3.15}
$$

或
$$
\boldsymbol{P}_i = \boldsymbol{A}_i \boldsymbol{P}_{i+1}
\tag{3.16}
$$

其中
$$
\boldsymbol{P}_i = \begin{bmatrix} D_i \\ U_i \end{bmatrix},\ \boldsymbol{A}_i =
\begin{bmatrix}
\dfrac{\mathrm{e}^{\alpha \Delta z_i}\,\mathrm{e}^{\mathrm{j}\omega \Delta z_i/c_i}}{T_i} & \dfrac{R_i \mathrm{e}^{\alpha \Delta z_i}\,\mathrm{e}^{\mathrm{j}\omega \Delta z_i/c_i}}{T_i} \\[4mm]
\dfrac{R_i \mathrm{e}^{-\alpha \Delta z_i}\,\mathrm{e}^{-\mathrm{j}\omega \Delta z_i/c_i}}{T_i} & \dfrac{\mathrm{e}^{-\alpha \Delta z_i}\,\mathrm{e}^{-\mathrm{j}\omega \Delta z_i/c_i}}{T_i}
\end{bmatrix}
$$

对于 N 层介质，利用式(3.16)可以推导出第一层与第 $n+1$ 层（无限半空间）的递推关系

$$
\boldsymbol{P}_1 = \boldsymbol{A}_1 \boldsymbol{A}_2 \cdots \boldsymbol{A}_n \boldsymbol{P}_{n+1}
\tag{3.17}
$$

假设震源信号为地表激发的单位脉冲，且从自由表面上方入射的反射系数为 R_0，则第一层的下行波可以表示为

$$D_1 = 1 - R_0 U_1 \tag{3.18}$$

另外，考虑到第 N 层之下是无限半空间，因此不存在反射上行波，则

$$U_{N+1} = 0 \tag{3.19}$$

将公式(3.18)和公式(3.19)代入公式(3.17)，有

$$\begin{bmatrix} 1-R_0 U_1 \\ U_1 \end{bmatrix} = A_1 A_2 \cdots A_{i-1} \begin{bmatrix} D_{n+1} \\ 0 \end{bmatrix} \tag{3.20}$$

根据方程(3.20)，即可求得第一层的上行波 U_1 和第 $N+1$ 层的下行波 D_{n+1}，进而通过递推公式(3.16)求得每层的上行波和下行波。对于任意深度，其合成记录为该深度上行波和下行波之和，因而，每个深度点的地震记录为

$$Y_i(\omega) = D_i(\omega) + U_i(\omega) \tag{3.21}$$

在频率域将各个深度的地震记录组合在一起，就构成频率域的 VSP 记录，通过傅里叶变换即可得到时间域的 VSP 剖面。另外，如果激发函数不是脉冲信号，同样可以利用上述思路进行 VSP 正演模拟。若激发函数为 $W(\omega)$，则公式(3.18)可以改写为

$$D_1 = W - R_0 U_1 \tag{3.22}$$

进而公式(3.20)可以改写为

$$\begin{bmatrix} W-R_0 U_1 \\ U_1 \end{bmatrix} = A_1 A_2 \cdots A_{i-1} \begin{bmatrix} D_{n+1} \\ 0 \end{bmatrix} \tag{3.23}$$

根据方程(3.23)，可求得第一层的上行波 U_1 和第 $N+1$ 层的下行波 D_{n+1}，再利用递推公式(3.16)求得每层的上行波和下行波，利用公式(3.21)完成 VSP 正演模拟。

综上所述，合成零偏移距 VSP 地震记录的具体步骤为：

(1) 给定初始地质模型（速度模型、密度模型、Q 值模型）；

(2) 定义观测系统（检波点个数、炮检距、检波点间距）；

(3) 定义震源子波参数（子波主频、时间采样率等）；

(4) 计算各层与频率相关的吸收系数 $\alpha(\omega)$、相速度 $v(\omega)$ 和复速度 $c(\omega)$；

(5) 计算各层分界面处的反射系数 $R_i(\omega)$、$R_i^*(\omega)$ 和透射系数 $T(\omega)$、$T_i^*(\omega)$；

(6) 计算各层传输矩阵的系数 A_i；

(7) 根据传播方程计算第一层的上行波 U_1 和第 $N+1$ 层的下行波 D_{n+1}；

(8) 计算各层的上行波 U_i 和下行波 D_i，并生成频率域的合成地震记

录 Y_i；

（9）分别对 Y_i、U_i 和 D_i 进行逆傅里叶变换，得到时间域的全波场记录、上行波场记录和下行波场记录。

采用模型数据就上述方法进行了试验分析。图 3.3 为本次使用的地质模型，包括速度模型、密度模型和品质因子模型。该模型包含 4 个地质层位、3 个地层界面。观测系统参数为：震源信号为最小相位雷克子波，子波主频为 30Hz，时间采样间隔为 2ms，震源深度为 0m；检波点间距 10m，共 151 道接收，接收深度范围 0~1500m。

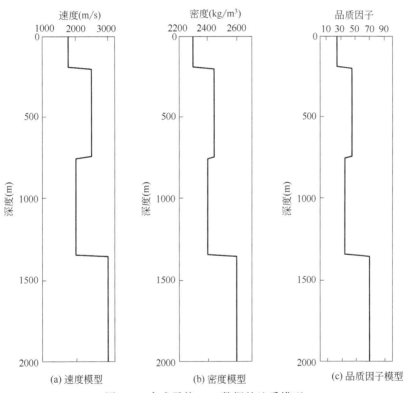

(a) 速度模型　　　　　　(b) 密度模型　　　　　　(c) 品质因子模型

图 3.3　合成零偏 VSP 数据的地质模型

基于以上地质模型，在无衰减和有衰减情况下，正演模拟了如图 3.4 所示的零偏移距 VSP 下行波场地震记录、如图 3.5 所示的零偏移距 VSP 上行波场地震记录和如图 3.6 所示的零偏移距全波场 VSP 地震记录。可以看出，无衰减和有衰减情况下的地震波场在波组特征上基本一致，考虑吸收衰减之后，深层信号的能量和分辨率逐渐降低，子波旁瓣增加，延续时间增大。

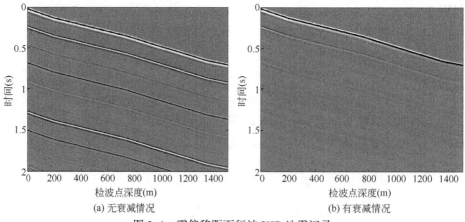

(a) 无衰减情况　　　　　　　　　　　　(b) 有衰减情况

图 3.4　零偏移距下行波 VSP 地震记录

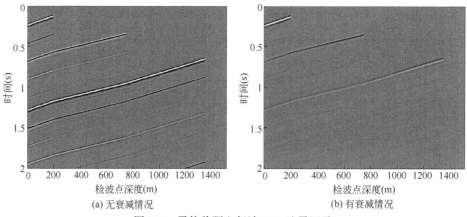

(a) 无衰减情况　　　　　　　　　　　　(b) 有衰减情况

图 3.5　零偏移距上行波 VSP 地震记录

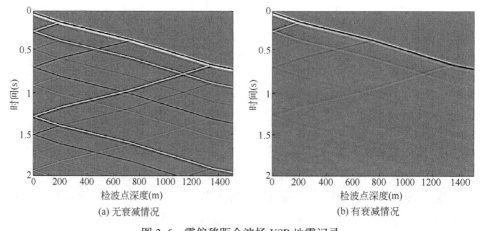

(a) 无衰减情况　　　　　　　　　　　　(b) 有衰减情况

图 3.6　零偏移距全波场 VSP 地震记录

3.1.2　零偏移距 VSP 数据吸收结构反演

与地面地震相比，VSP 地震数据尤其适合于吸收参数的估算和反演。除了时深关系和速度结构之外，吸收参数估算已经成为零偏移距 VSP 数据的另外一个重要应用。尽管有多种利用 VSP 数据进行 Q 估算的方法，但基于谱比和质心频率的层析反演方法依然是应用较为广泛的两种方法，下面简要介绍一下这两种方法的基本原理。

谱比法是物理意义最为明确的 Q 估算方法。假设地震源子波的振幅谱为 $S(f)$，则地震信号传播到 t_1 和 t_2 时刻的振幅谱分别为

$$S_1(f) = G_1 S(f) \exp(-\pi f t_1 / Q) \tag{3.24}$$

$$S_2(f) = G_2 S(f) \exp(-\pi f t_2 / Q) \tag{3.25}$$

式中　G_1、G_2——与地层吸收无关的项，包括几何扩散、反射/透射损失、耦合响应、仪器响应等。

将公式（3.24）除以公式（3.25）后取对数，有

$$A(f) = \ln \frac{S_1(f)}{S_2(f)} = B - \frac{\pi f \Delta t}{Q} \tag{3.26}$$

式中　B——与频率无关的常数，$B = \ln \dfrac{G_1}{G_2}$；

Δt——两个接收点之间的旅行时差，$\Delta t = t_1 - t_2$；

$A(f)$——两个信号振幅谱之比的对数，也称为衰减函数。

可以看出，衰减函数与频率呈线性关系，若能够从衰减函数中拟合出衰减斜率 p，则估算的品质因子 Q 为

$$Q = \frac{-\pi \Delta t}{p} \tag{3.27}$$

图 3.7 展示了谱比法估算 Q 值的基本过程。其中，图 3.7（a）是黏弹性介质中两个不同时刻的地震子波，图 3.7（b）是其对应的振幅谱，图 3.7（c）是两个地震信号振幅谱之比的对数，即衰减函数，它与频率呈线性关系。拟合衰减函数的斜率，并代入方程（3.27），就可以得到品质因子 Q。谱比法求取 Q 值的关键是拟合出准确的衰减斜率，信噪比、频带宽度、子波干涉等都会对其有所影响，因此，在利用谱比法进行 Q 值估算时，要全面考虑多种因素的影响。

质心频移法是另外一种常用的 Q 因子估算方法。地震波在传播过程中，高频分量较低频分量衰减得快，子波主频向低频方向移动。基于以上认识，Quan 和 Harris（1997）提出了基于质心频率的 Q 估算方法。

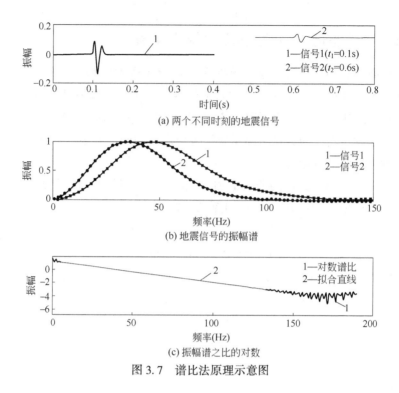

(a) 两个不同时刻的地震信号

(b) 地震信号的振幅谱

(c) 振幅谱之比的对数

图 3.7 谱比法原理示意图

假设地震波的传播过程可以由输入信号、地层响应和输出信号三者的线性系统来描述，则

$$R(f) = GS(f)H(f) \qquad (3.28)$$

式中 $S(f)$——输入信号的振幅谱；

$\quad R(f)$——输出信号的振幅谱；

$\quad G$——与地层吸收无关的项；

$\quad H(f)$——与地层吸收的频率响应。

Ward 和 Toksoz（1971）给出了如下的衰减过程表达式

$$H(f) = \exp\left(-f\int_{\text{ray}} \alpha_0 \mathrm{d}l\right) \qquad (3.29)$$

式中 α_0——衰减因子，$\alpha_0 = \pi/(Qv)$。

质心频移法的目标是利用输入信号振幅谱 $S(f)$ 和输出信号的振幅谱 $R(f)$，估算出衰减因子 α_0。

输入信号振幅谱的质心频率 f_S 和方差 σ_S^2 分别定义为

$$f_S = \frac{\int_0^{\infty} fS(f)\,\mathrm{d}f}{\int_0^{\infty} S(f)\,\mathrm{d}f} \qquad (3.30)$$

$$\sigma_\text{S}^2 = \frac{\int_0^\infty (f - f_\text{S})^2 S(f)\,\mathrm{d}f}{\int_0^\infty S(f)\,\mathrm{d}f} \tag{3.31}$$

同理，接收信号振幅谱的质心频率 f_R 和方差 σ_R^2 分别定义为

$$f_\text{R} = \frac{\int_0^\infty fR(f)\,\mathrm{d}f}{\int_0^\infty R(f)\,\mathrm{d}f} \tag{3.32}$$

$$\sigma_\text{R}^2 = \frac{\int_0^\infty (f - f_\text{R})^2 R(f)\,\mathrm{d}f}{\int_0^\infty R(f)\,\mathrm{d}f} \tag{3.33}$$

假设输入信号的振幅谱为高斯函数，则

$$S(f) = \exp\left[-\frac{(f - f_\text{S})^2}{2\sigma_\text{S}^2} \right] \tag{3.34}$$

将公式 (3.34) 代入公式 (3.28)，则输出信号振幅谱为

$$R(f) = G\exp\left[-\frac{(f - f_0)^2}{2\sigma_\text{S}^2} \right] \exp\left(-f\int_\text{ray} \alpha_0\,\mathrm{d}l \right)$$

$$= G\exp\left(-\frac{f_\text{d}}{2\sigma_\text{S}^2} \right) \exp\left[-\frac{(f - f_\text{R})^2}{2\sigma_\text{S}^2} \right] \tag{3.35}$$

其中　　　$f_\text{R} = f_\text{S} - \sigma_\text{S}^2 \int_\text{ray} \alpha_0\,\mathrm{d}l,\ f_\text{d} = 2f_\text{S}\sigma_\text{S}^2 \int_\text{ray} \alpha_0\,\mathrm{d}l - \left(\sigma_\text{S}^2 \int_\text{ray} \alpha_0\,\mathrm{d}l \right)^2$

进而，输入信号振幅谱的质心频率 f_S 与接收信号振幅谱的质心频率 f_R 之间的关系为

$$\int_\text{ray} \alpha_0\,\mathrm{d}l = (f_\text{S} - f_\text{R})/\sigma_\text{S}^2 \tag{3.36}$$

公式 (3.36) 为质心频率法估算 Q 值的理论基础。与谱比法相比，质心频移法具有更好的统计学特性，抗噪性强，效果稳定。值得注意的是，尽管在公式 (3.36) 的推导过程中采用了输入信号为高斯谱的假设，但是，当输入信号的振幅谱为近似高斯谱时，例如雷克子波，其 Q 估算的精度还是可以接受的。

图 3.8 给出了质心频移法的示意图。图中，输入信号的质心频率为 100Hz，地震信号仕品质因子 $Q = 60$ 的地层中传播 0.4s 之后，由于高频成分较低频成分经历更多的衰减效应，其振幅谱的质心频率降低为 84Hz。

以上只是给出了两种 Q 估算方法的基本原理，在实际应用中，为了更好

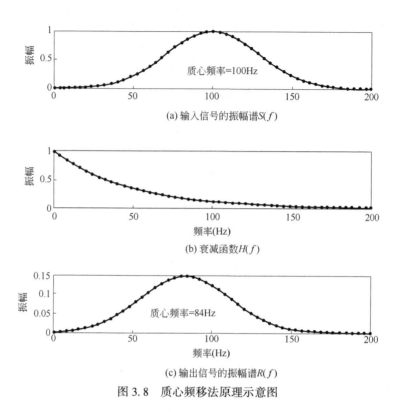

(a) 输入信号的振幅谱$S(f)$

(b) 衰减函数$H(f)$

(c) 输出信号的振幅谱$R(f)$

图 3.8　质心频移法原理示意图

地利用多道地震信号的冗余信息，一般将上述两种方法纳入层析反演的技术框架进行 Q 估算，具体过程可参考第 2 章近地表吸收参数反演的内容。另外，在工程实践中，除了 Q 估算方法之外，还需要考虑激发和接收等多种因素对 Q 估算的影响。首先是激发因素的影响，由于 VSP 采集时采用若干检波器组成的检波器串由深到浅逐级接收，每个深度的检波器串具有不同的激发子波，因此，应该采用具有相同激发子波的地震道进行 Q 估算，否则，激发子波的差异会严重降低 Q 估算精度。另外，不同于速度参数反演，Q 参数反演所依据的是地震信号的频谱信息，其对检波器耦合响应的一致性具有较高要求，耦合响应的差异也是需要考虑的重要因素。再者，波场分离和初至拾取也会对 Q 估算产生影响。因此，在利用实际 VSP 数据进行 Q 估算时，要充分认识到 Q 参数对地震波场的敏感性，加强各个环节的质量控制。

为建立相对可靠的地下吸收结构模型，大港油田就 VSP 数据吸收参数反演制定了严格的质量控制规范，并对探区所有 VSP 数据进行了吸收参数反演。初步摸清了地震波在不同埋深和不同岩性地层中衰减规律和 Q 值范围，明确了不同地区地层吸收对地震信号频率特征和振幅特征的影响。

图 3.9 是典型的 VSP 资料 Z 分量地震数据，下行直达波十分清晰。图 3.10 是 VSP 直达波的振幅谱以及吸收参数反演结果，地震波的吸收除了与深度有关之外，也与地层岩性有着密切关系。

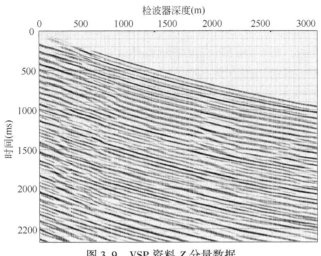

图 3.9 VSP 资料 Z 分量数据

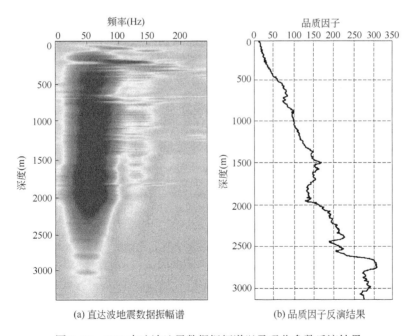

(a) 直达波地震数据振幅谱   (b) 品质因子反演结果

图 3.10 VSP 直达波地震数据振幅谱以及吸收参数反演结果

3.2 地面观测吸收结构反演

随着黏弹性偏移和频变 AVO 等与 Q 有关的地震成像和流体识别技术在工业界的推广应用，地层吸收参数反演逐渐从 VSP 资料向地面地震资料、从叠后资料向叠前资料延伸和转变，FWI 反演等一些新的理论和方法也相继引入了 Q 反演和建模的研究工作。本节主要介绍下面三种相对成熟的 Q 反演方法：QVO 方法、层剥离法和横向谱比 Q 值反演方法。

3.2.1 QVO 方法

传统的地层吸收参数反演主要基于 VSP 资料和叠后地震资料。与叠前地震资料相比，VSP 资料和叠后地震资料虽然具有更高的信噪比，但是，基于 VSP 资料的 Q 值估算只能得到吸收参数在垂向上的分布情况，无法得到 Q 模型在横向上的变化。另外，利用叠后地震资料，即使忽略偏移的影响，由于受到不同地震道传播路径的差异、动较正拉伸对频谱改造的差异、反射透射能量分配的差异等多种因素的影响，叠后地震道扭曲了真实的地层吸收响应，从而导致基于叠后数据估算的地层吸收参数存在较大的误差。为此，Dasgupta 和 Clark（1998）提出了一种从叠前 CMP 道集中估算品质因子的方法——QVO 方法。

在层状介质中，地表激发的信号，经过地下地层的反射，被地表的检波器接收，其振幅谱表示为

$$R(f) = GS(f) \exp\left(-\frac{\pi t f}{Q_a}\right) \tag{3.37}$$

式中 $R(f)$ ——反射信号的振幅谱；

     G——频率无关的项，包含几何扩散、反射/透射损失等；

     $S(f)$ ——激发信号的振幅谱；

     Q_a——地震波在传播路径的等效品质因子。

将式（3.37）左右两端同时除以激发信号的振幅谱 $S(f)$，并取对数，有

$$\ln \frac{R(f)}{S(f)} = \ln G - \frac{\pi t f}{Q_a} \tag{3.38}$$

由式（3.38）可知，对数谱比函数与频率 f 呈线性关系，利用线性拟合可以得到斜率 p 与品质因子 Q 之间的关系

$$Q = -\frac{\pi \Delta t f}{p} \tag{3.39}$$

式（3.39）是谱比法的基础依据。Dasgupta 和 Clark 将传统谱比法应用到叠前 CMP 道集，其基本思想是，首先计算不同炮检距地震信号相对于震源子波的衰减函数，也就是谱比的对数，并拟合出不同炮检距衰减函数的斜率；然后，将不同炮检距的衰减斜率关于炮检距的平方进行线性拟合，得到零炮检的衰减斜率；最后，基于方程（3.39）由零炮检距的衰减斜率和反射时间得到等效品质因子 Q_{eff}，再依据下式由等效品质因子计算地层品质因子

$$Q = \frac{t_{n-1} Q_{eff}^{n-1} Q_{eff}^{n}}{t_n Q_{eff}^{n-1} - t_{n-1} Q_{eff}^{n}} \tag{3.40}$$

式中　Q_{eff}^{n-1}、Q_{eff}^{n}——反射时间为 t_{n-1} 和 t_n 时的等效品质因子。

该方法的具体过程如下：

（1）对 CMP 道集进行动校正，并对动校拉伸超过 20% 的信号进行切除；

（2）开时窗提取目的层地震反射；

（3）对提取的地震反射进行傅里叶变换，得到不同炮检距地震信号的振幅谱；

（4）在频率域进行动校正拉伸补偿，消除动校拉伸对振幅谱的改造效应；

（5）在频率域进行震源子波反褶积，如不能提供震源子波，可以用浅层信号代替；

（6）为压制噪声的影响，沿炮检距方向进行对振幅谱进行部分叠加；

（7）对振幅谱取对数，得到不同炮检距的衰减函数；

（8）对衰减函数进行线性拟合，得到不同炮检距衰减函数的斜率；

（9）对不同炮检距的衰减斜率作关于炮检距平方的线性拟合，得到零炮检距衰减斜率；

（10）由零炮检距衰减斜率和反射时间得到等效品质因子；

（11）由不同反射时间的等效品质因子计算地层品质因子。

Dasgupta 和 Clark 首次提出利用叠前 CMP 道集中来估算品质因子，但该方法的理论推导和模型试验都比较薄弱，文中并没有给出品质因子随炮检距变化（Q versus offset）的详细论据。另外，该方法仍然没有较好地解决频谱干涉的影响。

3.2.2　层剥离法

层剥离法是 Zhang 等（2002）提出的基于 CMP 道集计算品质因子的方法。

该方法首先推导了地震子波峰值频率与品质因子 Q 之间的关系，然后采用一种逐层剥离的方法计算层 Q 值。假设震源子波为雷克子波，其振幅谱 $W(f)$ 可表示为

$$W(f) = \frac{2}{\sqrt{\pi}} \frac{f^2}{f_m^2} e^{-f^2/f_m^2} \tag{3.41}$$

式中 f_m——子波的主频。

地震波在均匀黏弹性介质中传播，经过时间 t 以后，其振幅谱为

$$B(f) = GW(f) e^{-\frac{\pi f t}{Q}} \tag{3.42}$$

式中 G——几何扩散、反射/透射损失等与频率无关的振幅衰减项。

定义峰值振幅所对应的频率为峰值频率，则峰值频率满足

$$\frac{\partial B(f)}{\partial f} = G \frac{\partial W(f)}{\partial f} e^{-\frac{\pi f t}{Q}} + GW(f) e^{-\frac{\pi f t}{Q}} \left(-\frac{\pi t}{Q} \right) = 0 \tag{3.43}$$

将式(3.41)代入式(3.43)，有

$$\frac{2}{\sqrt{\pi}} \left(\frac{2f}{f_m^2} \right) e^{-\frac{f^2}{f_m^2}} + \frac{2}{\sqrt{\pi}} \left(\frac{f^2}{f_m^2} \right) e^{-\frac{f^2}{f_m^2}} \left(\frac{-2f}{f_m^2} \right) + \frac{2}{\sqrt{\pi}} \left(\frac{f^2}{f_m^2} \right) e^{-\frac{f^2}{f_m^2}} \left(\frac{-\pi t}{Q} \right) = 0 \tag{3.44}$$

求解式(3.44)得到峰值频率 f_p

$$f_p = f_m^2 \left[\sqrt{ \left(\frac{\pi t}{4Q} \right)^2 + \left(\frac{1}{f_m} \right)^2 } - \frac{\pi t}{4Q} \right] \tag{3.45}$$

由此可以得出品质因子 Q 与峰值频率 f_p 之间的关系

$$Q = \frac{\pi t f_p f_m^2}{2(f_m^2 - f_p^2)} \tag{3.46}$$

理论上讲，若已知震源子波的主频，则品质因子 Q 可以很方便地由式(3.46)计算出来。然而，对实际地震数据而言，不知道地震子波的初始主频 f_m。下面给出利用不同时间地震子波的峰值频率反推初始子波主频的方法。

假设初始子波为雷克子波，t_1 和 t_2 时刻地震子波的峰值频率 f_{p1} 和 f_{p2} 与品质因子 Q 有如下关系

$$Q = \frac{\pi t_1 f_{p1} f_m^2}{2(f_m^2 - f_{p1}^2)} = \frac{\pi t_2 f_{p2} f_m^2}{2(f_m^2 - f_{p2}^2)} \tag{3.47}$$

由此，地震子波的初始主频 f_m 为

$$f_m = \sqrt{ \frac{f_{p1} f_{p2} (t_2 f_{p1} - t_1 f_{p2})}{t_2 f_{p2} - t_1 f_{p1}} } \tag{3.48}$$

结合式(3.46)和式(3.48)可知，地层的品质因子 Q 可以通过 CMP 道集中地震

子波峰值频率的变化来计算，这是峰值频移法估算品质因子 Q 的理论基础。

下面将该方法推广到水平层状介质的情况。首先，考虑两层水平层状介质的情况。地震波穿过两层水平层状介质中的频谱变化表示为

$$B(f) = GW(f)\,\mathrm{e}^{-\frac{\pi f t_1}{Q_1}}\,\mathrm{e}^{-\frac{\pi f t_2}{Q_2}} \tag{3.49}$$

式中　t_1、t_2——地震波在第一层和第二层介质中的旅行时；

$\quad\quad$ Q_1、Q_2——第一层和第二层介质的品质因子。

此时，峰值频率满足

$$\frac{\partial B(f)}{\partial f} = G\frac{\partial W(f)}{\partial f}\mathrm{e}^{-\frac{\pi f t_1}{Q_1}}\,\mathrm{e}^{-\frac{\pi f t_2}{Q_2}} + GW(f)\,\mathrm{e}^{-\frac{\pi f t_1}{Q_1}}\left(-\frac{\pi t_1}{Q_1}\right)\mathrm{e}^{-\frac{\pi f t_2}{Q_2}}$$

$$+ GW(f)\,\mathrm{e}^{-\frac{\pi f t_1}{Q_1}}\,\mathrm{e}^{-\frac{\pi f t_2}{Q_2}}\left(-\frac{\pi t_2}{Q_2}\right) = 0 \tag{3.50}$$

将雷克子波振幅谱（3.41）代入式（3.50），有

$$\frac{2(f_\mathrm{m}^2 - f_\mathrm{p}^2)}{f_\mathrm{p} f_\mathrm{m}^2} = \frac{\pi t_1}{Q_1} + \frac{\pi t_2}{Q_2} \tag{3.51}$$

令 $a = \dfrac{2(f_\mathrm{m}^2 - f_\mathrm{p}^2)}{f_\mathrm{p} f_\mathrm{m}^2}$，$b = \dfrac{\pi t_1}{Q_1}$，式（3.51）可以进一步化简为

$$Q_2 = \frac{\pi t_2}{a - b} \tag{3.52}$$

根据第一层介质中传播的一次反射信号，利用峰值频移法可以得到第一层介质的品质因子 Q_1，进而计算出参数 b。在得到 Q_1 的情况下，第二层介质的品质因子 Q_2 可由式（3.52）计算。

进一步，可以将两层水平层状介质的情况推广到 N 层水平层状介质中，此时，接收信号的振幅谱可表示为

$$B(f) = GW(f)\exp\left(\sum_{i=1}^{N-1}\frac{-\pi f t_i}{Q_i}\right)\exp\left(\frac{-\pi f t_N}{Q_N}\right) \tag{3.53}$$

式中　t_i——地震波在第 i 层介质中的旅行时；

$\quad\quad$ Q_i——第 i 层介质的品质因子。

类比公式（3.50）至公式（3.52）推导，可以计算得到第 N 层介质的品质因子 Q_N

$$Q_N = \frac{\pi \Delta t_N}{a - b} \tag{3.54}$$

其中
$$a = \frac{2(f_m^2 - f_p^2)}{f_p f_m^2}, b = \sum_{i=1}^{N-1} \frac{\pi t_i}{Q_i}$$

3.2.3　横向谱比 Q 值反演方法

假设零炮检距地震信号的振幅谱为 $d(x=0,f)$，则炮检距为 x_1 和 x_2 时，地震信号的振幅谱可以表示为

$$d(x_1,f) = p(x_1)d(x=0,f) e^{-\frac{\pi f \Delta t_1}{Q}} \quad (3.55)$$

$$d(x_2,f) = p(x_2)d(x=0,f) e^{-\frac{\pi f \Delta t_2}{Q}} \quad (3.56)$$

其中

$$\Delta t_1 = \sqrt{t_0^2 + \frac{x_1^2}{v^2}} - t_0 \approx \frac{x_1^2}{2v^2 t_0} \quad (3.57)$$

$$\Delta t_2 = \sqrt{t_0^2 + \frac{x_2^2}{v^2}} - t_0 \approx \frac{x_2^2}{2v^2 t_0} \quad (3.58)$$

式中　$p(x)$ ——与频率无关的振幅衰减项；

Δt_1、Δt_2——炮检距为 x_1 和 x_2 时的正常时差；

t_0——零炮检距道反射时间；

v——动校正速度。

分别将公式(3.57)和公式(3.58)代入公式(3.55)和公式(3.56)中，并进行谱比，有

$$\frac{d(x_1,f)}{d(x_2,f)} = \frac{p(x_2)}{p(x_1)} e^{-\frac{\pi f(x_2^2 - x_1^2)}{2v^2 t_0 Q}} \quad (3.59)$$

两边取对数，可得

$$b(\Delta x, f) = c - \beta \Delta x f \quad (3.60)$$

其中
$$b(\Delta x, f) = \ln \frac{d_2(x_1,f)}{d_1(x_2,f)}; \quad c = \ln \frac{p(x_2)}{p(x_1)}$$

$$\beta = \frac{\pi}{2v^2 t_0 Q}; \quad \Delta x = x_2^2 - x_1^2$$

式中　Δx——炮检距平方差。

理论上讲，利用 CRP 道集中任意两个地震道，根据式(3.60)即可计算得到地层的品质因子。两个地震道的炮检距相差越大，经历的地层吸收差异也越

大，所计算的 Q 值越稳定。假设 CRP 道集中有 N 个地震道，用第 N 个地震道与前 $N/2$ 个地震道进行谱比，后 $N/2$ 个地震道分别与第一个地震道进行谱比，得到 N 个类似于式（3.60）的方程，然后利用反演的算法同时对频率 f 和炮检距平方差 Δx 进行拟合来求取品质因子，其矩阵形式表示为

$$\begin{pmatrix} b_{1,1} \\ b_{2,1} \\ \vdots \\ b_{N,1} \\ b_{1,2} \\ b_{2,2} \\ \vdots \\ b_{N,2} \\ \vdots \\ b_{N,M} \end{pmatrix} = \begin{pmatrix} \Delta x_1 f_1 & 1 & 0 & \cdots & 0 \\ \Delta x_2 f_1 & 0 & 1 & \cdots & 0 \\ \vdots & \vdots & \vdots & & \vdots \\ \Delta x_N f_1 & 0 & 0 & \cdots & 1 \\ \Delta x_1 f_2 & 1 & 0 & \cdots & 0 \\ \Delta x_2 f_2 & 0 & 1 & \cdots & 0 \\ \vdots & \vdots & \vdots & & \vdots \\ \Delta x_{N-1} f_2 & 0 & 0 & \cdots & 1 \\ \vdots & \vdots & \vdots & & \vdots \\ \Delta x_N f_M & 0 & 0 & \cdots & 1 \end{pmatrix} \begin{pmatrix} \beta \\ c_1 \\ c_2 \\ \vdots \\ c_N \end{pmatrix} \tag{3.61}$$

写成矩阵形式，有

$$\boldsymbol{B} = \boldsymbol{GC} \tag{3.62}$$

引入 Tikhonov 正则化，则目标函数为

$$\mathrm{obj} = \min \parallel \boldsymbol{B} - \boldsymbol{GC} \parallel_2^2 + \lambda \parallel \boldsymbol{C} \parallel_2^2 \tag{3.63}$$

式中　λ——正则化参数。

式（3.63）的解为

$$\boldsymbol{C} = (\boldsymbol{G}^{\mathrm{T}}\boldsymbol{G} + \lambda \boldsymbol{I})^{-1} \boldsymbol{G}^{\mathrm{T}}\boldsymbol{B} \tag{3.64}$$

为了验证该方法的有效性，开展了如图 3.11 所示的实验分析。该模型包含两个反射界面，地层的品质因子分别为 30 和 40。利用主频为 60Hz 的雷克子波合成 CMP 道集，道间距为 50m，最小炮检距为零，最大炮检距为 1500m。从图中可以看出，横向谱比 Q 值反演方法估算得到的两层介质的 Q 值分别为 30.12 及 40.68，估算值接近于真实模型值，估算误差较小。

下面就该方法对噪声干扰和地震干涉的稳定性进行了测试分析。在 CMP 道集中加入 10% 的随机噪声，得到如图 3.12（a）所示的含噪地震记录。然后利用横向谱比 Q 值反演方法估算得到两层介质的 Q 值，如图 3.12（c）所示。从图中可知，估算得到的两层介质的 Q 值分别为 32.65 及 45.27。与无噪情况下相比，估算误差增大，噪声影响了 Q 值的估算精度。尽管如此，估算误差保持在 15% 之内，估算结果依然可以接受。

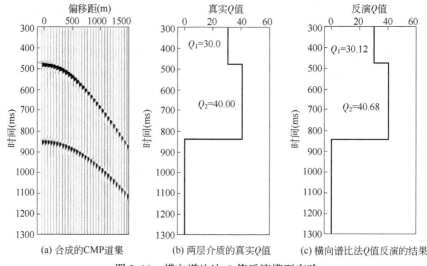

(a) 合成的CMP道集　　　　(b) 两层介质的真实Q值　　　　(c) 横向谱比法Q值反演的结果

图 3.11　横向谱比法 Q 值反演模型实验

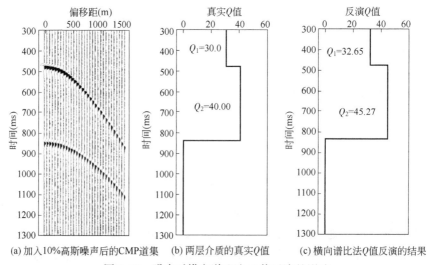

(a) 加入10%高斯噪声后的CMP道集　　(b) 两层介质的真实Q值　　(c) 横向谱比法Q值反演的结果

图 3.12　噪声对横向谱比法 Q 值反演的影响

　　接下来，如图3.13所示，就地震干涉对 Q 值估算的影响进行了实验分析。合成地震记录的第一个双曲线同相轴是相邻两个界面干涉之后的结果。在炮检距较小时，两个界面的地震反射彼此分开；随着炮检距的增大，子波干涉加重，两个地震反射逐渐合并成一个反射。合成地震记录的第二个双曲线同相轴是相邻三个界面干涉之后的结果，子波干涉效应使其呈现为一个复合波。横向谱比法反演的 Q 值分别为 31.80 及 43.36，估算误差小于10%，取得了较为满意的反演结果。

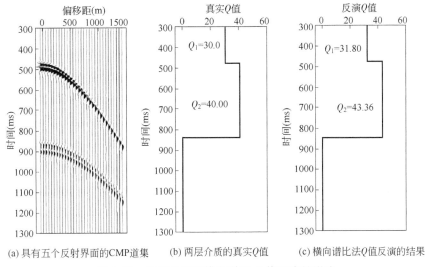

图 3.13 地震干涉对横向谱法 Q 值反演的影响

3.3 散射衰减及其影响

地震波衰减通常被认为包含两个物理过程：本征衰减和散射衰减。本征衰减也称为固有衰减，它是黏弹性介质对地震波吸收所引发的能量耗损，这部分能量损耗是不可逆的。散射衰减是由于地下介质的非均匀性，地震波在传播过程中遇到许多散射体发生散射，使得地震波能量在空间上重新分配，所接收的地震能量只是原来能量的一部分，因此，散射衰减并不会使地震波场的总能量减少，散射损失的能量可以再次被散射到传播方向，晚一点被接收，最终形成尾波。通常来说，现场和实验室测量的吸收衰减是这两种机制相互叠加的结果。Dainty（1981）指出，介质的视品质因子 Q_a 与固有品质因子 Q_I、散射品质因子 Q_S 的关系为

$$\frac{1}{Q_a} = \frac{1}{Q_S} + \frac{1}{Q_I} \tag{3.65}$$

20 世纪 90 年代以来，大量学者致力于研究固有衰减与散射衰减的关系，并试图分离这两种不同机制产生的衰减。其中，Wu（1985）采用辐射传理论构建了多次散射模型，估算了固有衰减和散射衰减的相对值；随后，Zeng

（1991）将 Wu 的方法扩展至尾波包络模型；Fehler（1992）在上述研究的基础上，提出了多延迟时窗分析法，该方法在 3 个或多个时窗内将波的能量沿距离积分，由此估算不同的衰减系数。

下面讨论薄层干涉散射衰减的物理机制。对于这一问题，O'Doherty 和 Anstey（1971）进行了系统研究并给出了频率域的简谐波透射率公式

$$|T(\omega)| = \exp[-R(\omega)t] \tag{3.66}$$

式中　$T(\omega)$——透射率的振幅谱；

　　　$R(\omega)$——反射系数序列功率谱。

对式（3.66）应用平方根，可以对任何方向的衰减测量都会产生等效的结果。如果震源和接收器分布在不同的介质中，则还需要一个额外的阻抗校正系数，以便实现炮点检波点的互易性，即

$$|T(\omega)|_{\text{down}} = \sqrt{\frac{I_{\text{receiver}}}{I_{\text{source}}}\exp[-R(\omega)t]} \tag{3.67}$$

式中　I——声波阻抗。

在随机介质中，Shapiro 等（1994）指出，地震波的速度和介质密度可以由背景参考项和扰动项两部分组成，其数学关系为

$$\frac{1}{c_{\text{true}}^2} = \frac{1}{c_0^2}[1+\mu(z)] \tag{3.68}$$

$$\rho_{\text{true}} = \rho_0[1+\rho(z)] \tag{3.69}$$

式中　c_{true}、ρ_{true}——介质的真实传播速度和密度；

　　　c_0、ρ_0——背景速度和背景密度；

　　　$\mu(z)$、$\rho(z)$——速度扰动量和密度扰动量。

对于时间域的简谐平面波，其透射系数可以表示为

$$T(\omega) \propto \exp[-\alpha(\omega)L+i\phi(\omega)L+ikx\sin\theta] \tag{3.70}$$

式中　ω——简谐波的角频率；

　　　$\alpha(\omega)$——吸收系数；

　　　$\phi(\omega)$——由散射引起的相位延迟；

　　　L——随机介质的长度；

　　　k——真实波数，$k=\omega/c_{\text{true}}$；

　　　θ——入射角。

根据 Shapiro 等（1994）的论述，散射衰减可以表示为

$$\alpha(\omega,\theta) = C(0)\frac{k^2 a\cos^2\theta}{4(1+4k_0^2 a^2\cos^2\theta)} \tag{3.71}$$

式中　a——相关长度，则相关函数为 $\exp(-|z/a|)$；

　　　k_0——背景介质的参考波数，$k_0 = \omega/c_0$。

$C(0)$ 的表达式为

$$C(0) = 4C_{\rho\rho} - \frac{4C_{\rho\mu}}{\cos^2\theta} + \frac{C_{\mu\mu}}{\cos^4\theta} \tag{3.72}$$

其中　$C_{\rho\rho} = \langle \rho(z)\rho(z+\xi) \rangle, C_{\rho\mu} = \langle \rho(z)\mu(z+\xi) \rangle, C_{\mu\mu} = \langle \mu(z)\mu(z+\xi) \rangle$

式中　$\langle * \rangle$——互相关运算符。

吸收系数和品质因子直接满足如下关系

$$Q = \frac{\pi f}{\alpha c} \tag{3.73}$$

由此可知，与散射相关的品质因子表达式为

$$Q^{-1}(\omega,\theta) = C(0)\frac{ka\cos^2\theta}{2(1+4k_0^2 a^2\cos^2\theta)} \tag{3.74}$$

在地震波散射理论中，依据背景介质及扰动介质物性差异的大小，可以将非均匀介质产生的散射划分为弱散射和强散射。根据散射体的分布情况，可以将散射划分为单次散射和多次散射。当散射体分布较稀疏、密度较小时，仅考虑局部散射体的散射，即单次散射；反之，需要考虑邻近散射体之间相互影响而引起的多次散射。

思考题和习题

1. VSP 观测系统有什么特点？
2. 合成零偏移距 VSP 地震记录的步骤是什么？
3. 谱比法和质心频率法的优缺点是什么？
4. 地面观测吸收结构反演方法有哪些？
5. QVO 方法的实现过程是什么？
6. 层剥离法的依据是什么？
7. 散射衰减是怎么产生的？

第4章
吸收补偿方法及
其主要问题分析

地震波在黏弹性介质中传播会受到吸收衰减效应的影响，表现为能量衰减和速度频散。反 Q 滤波技术是补偿地层吸收的主要方法。反 Q 滤波技术的实现方法很多，本章主要讨论基于波场延拓和基于非稳态反演的两类反 Q 滤波方法。

4.1 基于波场延拓的补偿方法

这类方法的实现过程类似于一维形式的 f-k 域相移法偏移，将地表波场向地下延拓，在延拓的过程中补偿频率衰减和速度频散的影响。Hargreaves 和 Calvert（1991）最早提出了波场延拓 Q 补偿的基本思想；Wang（2002）对该方法进行了改进和完善，增强了该方法的稳定性和抗噪性。

4.1.1 反 Q 滤波理论基础

一维单程波方程表示为

$$\frac{\partial U(x,\omega)}{\partial x} - \mathrm{i}k(\omega)U(x,\omega) = 0 \tag{4.1}$$

式中　i——虚数单位；

　　　ω——角频率；

　　　x——传播距离；

　　　$U(x,\omega)$——平面波场；

　　　$k(\omega)$——波数。

在弹性介质中，波数 k 为实数；但在黏弹性介质中，波数 $k(\omega)$ 是与频率有关的复数。

根据 Kolsky-Futterman 模型，复波数可表示为

$$k(\omega)=\left(1-\frac{\mathrm{i}}{2Q(\omega)}\right)\frac{\omega}{v_{\mathrm{r}}}\left(\frac{\omega}{\omega_{\mathrm{h}}}\right)^{-\gamma} \tag{4.2}$$

其中
$$\gamma=(\pi Q_{\mathrm{r}})^{-1}$$

式中　v_{r}——参考频率处的相速度；

　　　ω_{h}——参考频率，其值与地震频带范围内的最高频率有关；

　　　$Q(\omega)$——品质因子。

根据第 1 章的论述，Kolsky-Futterman 模型中的品质因子与频率呈弱相关性，因此，在地震频带范围内，品质因子可近似看作与频率无关的常数。

波动方程(4.1)的解析解可表示为

$$U(x+\Delta x,\omega)=U(x,\omega)\exp[\mathrm{i}k(\omega)\Delta x] \tag{4.3}$$

将公式(4.2)代入公式(4.3)中，可得

$$U(x+\Delta x,\omega)=U(x,\omega)\exp\left[\left(\frac{1}{2Q_{\mathrm{r}}}+\mathrm{i}\right)\left(\frac{\omega}{\omega_{\mathrm{h}}}\right)^{-\gamma}\frac{\omega\Delta x}{v_{\mathrm{r}}}\right] \tag{4.4}$$

根据 $\Delta\tau=\Delta x/v_{\mathrm{r}}$，将公式(4.4)中传播距离增量 Δx 替换成旅行时增量 $\Delta\tau$

$$U(\tau+\Delta\tau,\omega)=U(\tau,\omega)\exp\left[\left(\frac{\omega}{\omega_{\mathrm{h}}}\right)^{-\gamma}\frac{\omega\Delta\tau}{2Q_{\mathrm{r}}}\right]\times\exp\left[\mathrm{i}\left(\frac{\omega}{\omega_{\mathrm{h}}}\right)^{-\gamma}\omega\Delta\tau\right] \tag{4.5}$$

公式(4.5)为频率域波场延拓的基本公式，也是基于波场延拓进行反 Q 滤波的基础。该式包含两个指数项，前者为振幅补偿项，后者为相位校正项。

对所有频率成分的平面波求和即可得到时间域地震信号

$$u(\tau+\Delta\tau)=\frac{1}{\pi}\int_{0}^{\infty}U(\tau+\Delta\tau,\omega)\mathrm{d}\omega \tag{4.6}$$

类似于爆炸反射界面成像条件，公式(4.6)是波场延拓反 Q 滤波的成像条件。在波场向下延拓的过程中，相位校正是无条件稳定的，但是振幅补偿与时间和频率指数增加，导致计算误差快速放大，造成反 Q 滤波结果的不稳定。图 4.1 是对该方法的稳定性进行测试分析。其中，图 4.1(a)是黏弹性介质中的 5 个地震道，地层品质因子 Q 从左到右逐渐减小，分别是 400、200、100、50 和 25。图 4.1(b)是反 Q 滤波之后的结果，可以看出，对于 $Q=400$ 和 $Q=200$ 的两个地震道，反 Q 滤波能够较好地恢复出衰减前的地震信号。然而，随着 Q 值减小（衰减增强）和反射时间增大，即使输入的地震数据不含噪声，反 Q 滤波结果也呈现出强烈的不稳定性。

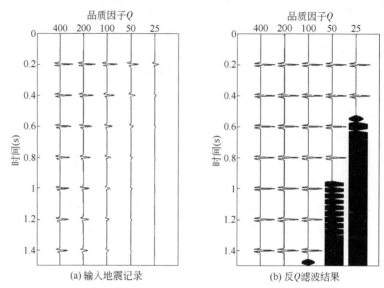

(a) 输入地震记录　　　　　　(b) 反 Q 滤波结果

图 4.1　反 Q 滤波的不稳定性

4.1.2　稳定化的反 Q 滤波

将地面接收到的地震波场延拓到 τ 时刻，则公式(4.5)可以改成为

$$U(\tau,\omega)=U(0,\omega)\exp\left[\int_0^\tau\frac{\omega}{2Q(\tau')}\left(\frac{\omega}{\omega_h}\right)^{-\gamma(\tau')}\mathrm{d}\tau'\right]\exp\left[\mathrm{i}\int_0^\tau\left(\frac{\omega}{\omega_h}\right)^{-\gamma(\tau')}\omega\mathrm{d}\tau'\right]$$

$$(4.7)$$

其中
$$\gamma(\tau')=\left[\pi Q(\tau)\right]^{-1}$$

式中　$U(0,\omega)$——地表接收的波场。

为了提高反 Q 滤波的稳定性，Wang（2002）提出了一种稳定化的反 Q 滤波方法。公式(4.7)进一步改写为

$$\beta(\tau,\omega)U(\tau,\omega)=U(0,\omega)\exp\left[\mathrm{i}\int_0^\tau\left(\frac{\omega}{\omega_h}\right)^{-\gamma(\tau')}\omega\mathrm{d}\tau'\right]\qquad(4.8)$$

其中
$$\beta(\tau,\omega)=\exp\left[-\int_0^\tau\frac{\omega}{2Q(\tau')}\left(\frac{\omega}{\omega_h}\right)^{-\gamma(\tau')}\mathrm{d}\tau'\right]$$

式中　$\beta(\tau,\omega)$——振幅衰减函数。

为克服振幅补偿的不稳定性，Wang 对振幅补偿项进行改造，给出了一种稳定化的反 Q 滤波方法，补偿过程表示为

$$U(\tau,\omega)=U(0,\omega)\Lambda(\tau,\omega)\Theta(\tau,\omega)\qquad(4.9)$$

其中
$$\Theta(\tau,\omega)=\exp\left[\mathrm{i}\int_0^\tau\left(\frac{\omega}{\omega_\mathrm{h}}\right)^{-\gamma(\tau')}\omega\mathrm{d}\tau'\right]\qquad(4.10)$$

$$\Lambda(\tau,\omega)=\frac{\beta(\tau,\omega)+\sigma^2}{\beta^2(\tau,\omega)+\sigma^2}\qquad(4.11)$$

式中　$\Theta(\tau,\omega)$——无条件稳定的相位校正算子；

$\Lambda(\tau,\omega)$——稳定的振幅补偿项；

σ^2——稳定化因子。

σ^2 的选取与地震数据的信噪比有密切的关系，Wang 给出了如下的经验关系式

$$\sigma^2=\exp\left[-(0.23G_\mathrm{lim}+1.63)\right]\qquad(4.12)$$

式中　G_lim——增益限制程度。

将所有不同频率的平面波按照公式(4.9) 向下延拓，然后将延拓后的波场求和，即可得到时间域的地震信号

$$u(\tau)=\frac{1}{\pi}\int_0^\infty U(0,\omega)\Lambda(\tau,\omega)\Theta(\tau,\omega)\mathrm{d}\omega\qquad(4.13)$$

公式(4.13)称为稳定化的反 Q 滤波成像条件。利用式(4.13)，既可以单独进行振幅补偿和相位校正，也可以将两者同时补偿。

将公式(4.13)进行离散，可得

$$\begin{bmatrix}u_1\\u_2\\\vdots\\u_M\end{bmatrix}=\begin{bmatrix}a_{0,0}&a_{0,1}&\cdots&a_{0,N}\\a_{1,0}&a_{1,1}&\cdots&a_{1,N}\\\vdots&\vdots&&\vdots\\a_{M,0}&a_{M,1}&\cdots&a_{M,N}\end{bmatrix}\begin{bmatrix}U_1\\U_2\\\vdots\\U_N\end{bmatrix}\qquad(4.14)$$

写成向量矩阵形式，有

$$\boldsymbol{y}=\boldsymbol{Ax}\qquad(4.15)$$

其中
$$a_{j,k}=\frac{1}{N}\Lambda(\tau_j,\omega_k)\Theta(\tau_j,\omega_k)\qquad(4.16)$$

式中　$\boldsymbol{y}$——时间域的输出补偿结果，$\boldsymbol{y}=\left[u_1,u_2,\cdots,u_M\right]^\mathrm{T}$；

$\boldsymbol{x}$——频率域的输入信号（地表波场），$\boldsymbol{x}=\left[U_1,U_2,\cdots,U_N\right]^\mathrm{T}$；

$\boldsymbol{A}$——稳定化的反 Q 滤波补偿算子；

$\Lambda(\tau_j,\omega_k)$——稳定化的振幅补偿算子；

$\Theta(\tau_j,\omega_k)$——无条件稳定的相位校正算子。

增益限制也是抑制反 Q 滤波不稳定性的常用方法，其基本思想是，当某

个频率的振幅补偿达到预设的增益限制值时，该频率分量及其大于该频率分量的振幅补偿值取预设的增益限制值。图 4.2 展示了增益限制反 Q 滤波和稳定化反 Q 滤波的补偿曲线。从图中可以看出，增益限制补偿方法主要不足在于，当增益限制值选择过小时，中高频分量不能得到有效补偿，而当增益限制值选择过大时，又会造成高频分量的不稳定性。相对而言，稳定化补偿方法在抑制高频分量不稳定性的同时，能够更精确地补偿中低频分量。

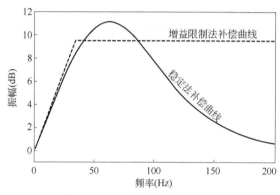

图 4.2 反 Q 滤波振幅算子比较

图 4.3 展示了无噪情况下增益限制反 Q 滤波和稳定化反 Q 滤波的效果对比。虽然两种方法均能在一定程度上克服反 Q 滤波的不稳定性问题，但是后者较前者更好地恢复了被衰减的地震信号。

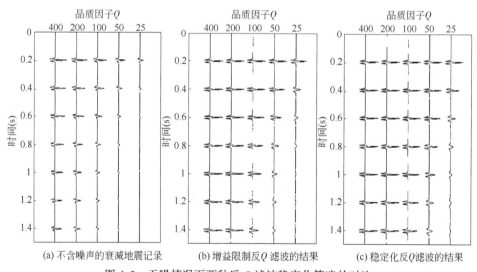

(a) 不含噪声的衰减地震记录   (b) 增益限制反 Q 滤波的结果   (c) 稳定化反 Q 滤波的结果

图 4.3 无噪情况下两种反 Q 滤波稳定化策略的对比

图 4.4 展示了含噪情况下增益限制反 Q 滤波和稳定化反 Q 滤波的效果对比。可以看出，增益限制反 Q 滤波的结果中出现了严重的高频噪声放大现象，而稳定化反 Q 滤波方法在抑制高频噪声放大的同时，部分恢复了被衰减的地震信号。

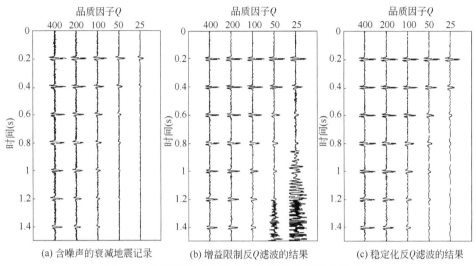

(a) 含噪声的衰减地震记录　　(b) 增益限制反 Q 滤波的结果　　(c) 稳定化反 Q 滤波的结果

图 4.4　含噪情况下两种反 Q 滤波稳定化策略的对比

4.2　基于非稳态反演的补偿方法

黏弹性介质对地震波的吸收作用是一个典型的非稳态滤波过程，因此，在贝叶斯反演理论框架下，利用非稳态反演能够较好地恢复被吸收之前的地震信号，且该类方法能够很方便地将反射系数概率分布的先验信息引入目标函数的正则化约束，提高补偿结果的稳定性和抗噪性。

4.2.1　时间域方法

基于褶积模型，地震记录可以看作是地震子波与反射系数的褶积，有

$$d(t) = w(t) * r(t) + n(t) \tag{4.17}$$

式中　$*$——褶积运算符；

　　　$d(t)$——地震记录；

　　　$w(t)$——地震子波；

$r(t)$——反射系数；

$n(t)$——地震噪声。

在黏弹性介质中，褶积模型式（4.17）可以推广为如下的非稳态褶积模型

$$d(t) = w(\tau,t) * r(t) + n(t) \tag{4.18}$$

其中　　$w(\tau,t) = \int_{-\infty}^{+\infty} W(\omega) \exp\left[-i\omega\tau \left| \frac{\omega_r}{\omega} \right|^{\gamma} \left(1 - \frac{i}{2Q(\tau)} \right) \right] e^{i\omega t} d\omega$ ，　　$\gamma \approx (\pi Q)^{-1}$

式中　　$w(\tau,t)$——时变子波，刻画了在传播过程中，吸收衰减对震源子波的改造效应；

　　　　ω——角频率；

　　　　ω_r——参考频率；

　　　　$W(\omega)$——地震子波的频谱；

　　　　$Q(\tau)$——地层品质因子；

　　　　τ——双程旅行时。

对公式（4.18）进行离散，表示为如下的矩阵形式

$$\boldsymbol{d} = \boldsymbol{Wr} + \boldsymbol{n} \tag{4.19}$$

式中　　$\boldsymbol{d}$——地震数据向量；

　　　　$\boldsymbol{r}$——反射系数序列；

　　　　$\boldsymbol{n}$——地震噪声向量；

　　　　$\boldsymbol{W}$——时变子波矩阵。

公式（4.19）的求解可视为正演模型的逆过程，即反演过程。为了确保反演过程的适定性，需要引入模型参数（反射系数）的先验信息。

贝叶斯理论框架可以表达为

$$p(\boldsymbol{r}|\boldsymbol{d}) = \frac{p(\boldsymbol{d}|\boldsymbol{r})p(\boldsymbol{r})}{p(\boldsymbol{d})} \tag{4.20}$$

式中　　$p(\boldsymbol{r})$——模型参数 $\boldsymbol{r}$ 的概率密度函数，也称为 $\boldsymbol{r}$ 的先验信息；

　　　　$p(\boldsymbol{d}|\boldsymbol{r})$——在 $\boldsymbol{r}$ 发生的条件下，测量数据 $\boldsymbol{d}$ 发生的条件概率密度函数，也称为似然函数；

　　　　$p(\boldsymbol{d})$——观测数据的概率密度函数；

　　　　$p(\boldsymbol{r}|\boldsymbol{d})$——在已知地震数据 $\boldsymbol{d}$ 的前提下，计算出准确的模型参数 $\boldsymbol{r}$ 的概率，即后验概率密度函数。

在实际情况中，地震数据是已知的，即地震数据的概率密度函数 $p(\boldsymbol{d})$ 为常数。因此，式（4.20）可改写为

$$p(\boldsymbol{r}|\boldsymbol{d}) \propto p(\boldsymbol{r})p(\boldsymbol{d}|\boldsymbol{r}) \qquad (4.21)$$

测量数据 $\boldsymbol{d}$ 中包含有噪声干扰，因此根据模型参数 $\boldsymbol{r}$ 计算的模拟数据与测量数据 $\boldsymbol{d}$ 存在误差，假设拟合残差满足高斯分布，则似然函数可表示为

$$p(\boldsymbol{d}|\boldsymbol{r}) = p(\boldsymbol{Wr}-\boldsymbol{d}) = p(\boldsymbol{n}) \qquad (4.22)$$

式中 $p(\boldsymbol{n})$——联合高斯分布概率密度函数。

高斯分布概率密度函数可以表示为

$$p(n_i) = \frac{1}{\sqrt{2\pi\sigma^2}}\exp\left[-\frac{1}{2\sigma^2}(n_i-\bar{n})^2\right] \qquad (4.23)$$

式中 $\bar{n}$——平均值；

σ^2——方差。

假设变量间是相互独立的，即独立分布，则似然函数(4.22)可改写为

$$p(\boldsymbol{d}|\boldsymbol{r}) = p(n_1)p(n_2)p(n_3)\cdots p(n_N) = \left(\frac{1}{\sqrt{2\pi\sigma_{\mathrm{d}}^2}}\right)^N \exp\left(-\frac{1}{2\sigma_{\mathrm{d}}^2}\boldsymbol{n}^{\mathrm{T}}\boldsymbol{n}\right)$$

$$= \left(\frac{1}{\sqrt{2\pi\sigma_{\mathrm{d}}^2}}\right)^N \exp\left[-\frac{1}{2\sigma_{\mathrm{d}}^2}(\boldsymbol{Wr}-\boldsymbol{d})^{\mathrm{T}}(\boldsymbol{Wr}-\boldsymbol{d})\right] \qquad (4.24)$$

假设反射系数序列也服从高斯分布，且其方差为 σ_{r}^2，均值为 0，则

$$p(\boldsymbol{r}) = \left(\frac{1}{\sqrt{2\pi\sigma_{\mathrm{r}}^2}}\right)^N \exp\left(-\frac{1}{2\sigma_{\mathrm{r}}^2}\boldsymbol{r}^{\mathrm{T}}\boldsymbol{r}\right) \qquad (4.25)$$

将公式(4.24)和公式(4.25)代入贝叶斯函数(4.21)可得后验概率为

$$p(\boldsymbol{r}|\boldsymbol{d}) \propto K\exp\left(-\frac{1}{2\sigma_{\mathrm{r}}^2}\boldsymbol{r}^{\mathrm{T}}\boldsymbol{r}\right)\exp\left[-\frac{1}{2\sigma_{\mathrm{d}}^2}(\boldsymbol{Wr}-\boldsymbol{d})^{\mathrm{T}}(\boldsymbol{Wr}-\boldsymbol{d})\right] \qquad (4.26)$$

其中

$$K = \left(\frac{1}{\sqrt{2\pi\sigma_{\mathrm{d}}^2}}\right)^N\left(\frac{1}{\sqrt{2\pi\sigma_{\mathrm{r}}^2}}\right)^N$$

对公式(4.26)左右两端求对数，可得

$$-\ln p(\boldsymbol{r}|\boldsymbol{d}) \propto -\ln K+\frac{1}{2\sigma_{\mathrm{r}}^2}\boldsymbol{r}^{\mathrm{T}}\boldsymbol{r}+\frac{1}{2\sigma_{\mathrm{d}}^2}(\boldsymbol{Wr}-\boldsymbol{d})^{\mathrm{T}}(\boldsymbol{Wr}-\boldsymbol{d}) \qquad (4.27)$$

为使得后验概率 $P(\boldsymbol{r}|\boldsymbol{d})$ 取得最大值，需要最小化如下的目标函数

$$J(\boldsymbol{r}) = (\boldsymbol{Wr}-\boldsymbol{d})^{\mathrm{T}}(\boldsymbol{Wr}-\boldsymbol{d})+\mu\boldsymbol{r}^{\mathrm{T}}\boldsymbol{r} \qquad (4.28)$$

式中 μ——调节因子。

对目标函数关于反射系数 $\boldsymbol{r}$ 求导，有

$$\nabla J(\boldsymbol{r}) = \frac{\partial}{\partial \boldsymbol{r}}[\boldsymbol{d}^{\mathrm{T}}\boldsymbol{d}-\boldsymbol{d}^{\mathrm{T}}\boldsymbol{Wr}-\boldsymbol{r}^{\mathrm{T}}\boldsymbol{W}^{\mathrm{T}}\boldsymbol{d}+\boldsymbol{r}^{\mathrm{T}}\boldsymbol{W}^{\mathrm{T}}\boldsymbol{Wr}+\mu\boldsymbol{r}^{\mathrm{T}}\boldsymbol{r}] \qquad (4.29)$$

令导数等于零，得

$$\nabla J(r) = 2W^T W r - 2W^T d + 2\mu r = 0 \tag{4.30}$$

由此，基于高斯分布约束的阻尼最小二乘解表示为

$$r = (W^T W + \mu I)^{-1} W^T d \tag{4.31}$$

然而，对大量测井数据的反射系数序列进行统计分析后表明，实际反射系数序列的概率分布更加接近于柯西概率分布函数，其表达式为

$$p(x) = \frac{1}{\pi\sigma} \left[1 + \left(\frac{x - x_0}{\sigma} \right)^2 \right]^{-1} \tag{4.32}$$

式中　x_0——概率密度分布的峰值位置；

　　　σ^2——方差。

图 4.5 显示了两种概率分布函数的对比情况。可以看出，高斯概率密度分布函数随着采样点远离均值迅速衰减，而柯西概率密度分布表现出更长的"尾部"效应，偏离均值的可能性更大。也就是说，柯西概率密度分布函数更好地描述了反射系数序列的稀疏分布特征。

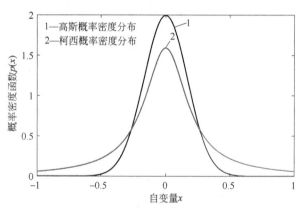

图 4.5　高斯概率密度分布与柯西概率密度分布对比图

假设反射系数序列也服从柯西分布，则公式(4.25)需要改写为

$$p(r) = \left(\frac{1}{\pi\sigma_r} \right)^N \left(1 + \frac{1}{2\sigma_r^2} r^T r \right)^{-1} \tag{4.33}$$

将公式(4.24)和公式(4.33)代入贝叶斯函数式(4.21)可得后验概率为

$$p(r|d) \propto \tilde{K} \left(1 + \frac{1}{2\sigma_r^2} r^T r \right)^{-1} \exp\left[-\frac{1}{2\sigma_d^2} (Wr - d)^T (Wr - d) \right] \tag{4.34}$$

其中

$$\tilde{K} = \left(\frac{1}{\sqrt{2\pi\sigma_d^2}} \right)^N \left(\frac{1}{\pi\sigma_r} \right)^N$$

同理，对公式(4.34)左右两端求对数，可得

$$-\ln p(\boldsymbol{r}|\boldsymbol{d}) \propto \ln\left(1+\frac{1}{2\sigma_r^2}\boldsymbol{r}^T\boldsymbol{r}\right)+\frac{1}{2\sigma_d^2}(\boldsymbol{Wr}-\boldsymbol{d})^T(\boldsymbol{Wr}-\boldsymbol{d}) \qquad (4.35)$$

对式(4.35)左右两端求导数，可得

$$J(\boldsymbol{r})\equiv\frac{\partial[-\ln p(\boldsymbol{r}|\boldsymbol{d})]}{\partial \boldsymbol{r}}=\frac{1}{\sigma_r^2}\boldsymbol{S}^{-1}\boldsymbol{r}+\frac{1}{2\sigma_d^2}\boldsymbol{W}^T(\boldsymbol{Wr}-\boldsymbol{d}) \qquad (4.36)$$

式中 $\boldsymbol{S}$——关于 $\boldsymbol{r}$ 独立的 $N\times N$ 的对角矩阵，对角元素为 $S_{kk}=1+\frac{r_k^2}{\sigma_r}$，其中

$k=1,2,\cdots,N$。

令公式(4.36)中的导数为零，则反演结果为

$$\boldsymbol{r}=(\boldsymbol{W}^T\boldsymbol{W}+\mu\boldsymbol{S}^{-1})^{-1}\boldsymbol{W}^T\boldsymbol{d} \qquad (4.37)$$

其中 $$\mu=2\sigma_d^2/\sigma_r^2$$

公式(4.37)是非线性的，必须迭代求解。为了构建迭代算法，将式(4.37)改为

$$\boldsymbol{r}=\boldsymbol{SW}^T(\boldsymbol{WSW}^T+\mu\boldsymbol{I})^{-1}\boldsymbol{d}=\boldsymbol{SW}^T\boldsymbol{p} \qquad (4.38)$$
$$(\boldsymbol{WSW}^T+\mu\boldsymbol{I})\boldsymbol{p}=\boldsymbol{d} \qquad (4.39)$$

式中 $\boldsymbol{p}$——线性系统式(4.39)中得到的任意解向量。

在迭代计算时，可以将观测到的地震数据设为初始模型，即 $\boldsymbol{r}^0=\boldsymbol{d}$，然后生成矩阵 $\boldsymbol{S}^0$。第 k 次迭代时，首先计算

$$\boldsymbol{p}^{k-1}=(\boldsymbol{WS}^{k-1}\boldsymbol{W}^T+\mu\boldsymbol{I})^{-1}\boldsymbol{d} \qquad (4.40)$$

然后更新模型 $$\boldsymbol{r}^k=\boldsymbol{S}^{k-1}\boldsymbol{W}^T\boldsymbol{p}^{k-1} \qquad (4.41)$$

图4.6展示了无噪情况下时间域基于非稳态反演的吸收补偿结果，该方法能较好地克服反 Q 滤波的不稳定性问题，很好地恢复了被衰减的地震信号。图4.7展示了含噪情况下该方法的吸收补偿效果。可以看出，时间域基于非稳态反演方法在抑制高频噪声放大的同时，部分恢复了被衰减的地震信号。

4.2.2 频率域方法

非稳态褶积模型可表示为

$$d(t)=\frac{1}{2\pi}\int_{-\infty}^{+\infty}\left[\int_{-\infty}^{+\infty}W(\omega)a(\omega,\tau)e^{i\omega t}d\omega\right]r(\tau)e^{-i\omega\tau}d\tau \qquad (4.42)$$

其中 $$a(\tau,t)=\exp\left[-\frac{\omega\tau}{2Q(\tau)}\left|\frac{\omega_r}{\omega}\right|^\gamma\right]\exp\left(-i\omega\tau\left|\frac{\omega_r}{\omega}\right|^\gamma\right)$$

式中 $a(\tau,t)$——地层吸收算子，包含了振幅衰减项和速度频散项。

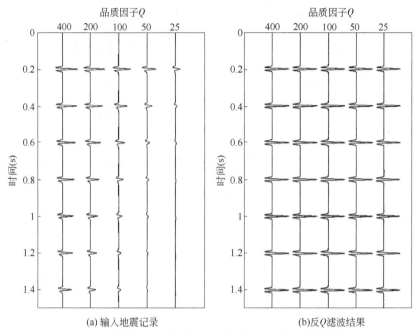

(a) 输入地震记录   (b) 反 Q 滤波结果

图 4.6　无噪情况下时间域基于非稳态反演的吸收补偿结果

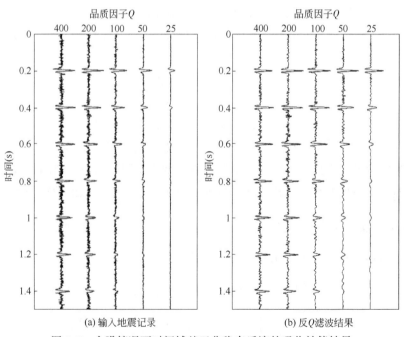

(a) 输入地震记录   (b) 反 Q 滤波结果

图 4.7　含噪情况下时间域基于非稳态反演的吸收补偿结果

将式(4.42)左右两端作傅里叶变换，可得到频率域的表达式

$$D(\omega) = \int_{-\infty}^{\infty} W(\omega) a(\omega,\tau) e^{-i\omega\tau} r(\tau) d\tau \qquad (4.43)$$

式中　$D(\omega)$——频率域的地震数据。

仅考虑地层吸收的影响，则

$$D(\omega) = \int_{-\infty}^{\infty} a(\omega,\tau) e^{-i\omega\tau} r(\tau) d\tau \qquad (4.44)$$

对式(4.44)进行离散，可得如下的向量矩阵形式

$$
\begin{bmatrix} D_1 \\ D_2 \\ \vdots \\ D_L \end{bmatrix} =
\begin{bmatrix}
a(\omega_1,\tau_1)e^{-i\omega_1\tau_1} & a(\omega_1,\tau_2)e^{-i\omega_1\tau_2} & \cdots & a(\omega_1,\tau_M)e^{-i\omega_1\tau_M} \\
a(\omega_2,\tau_1)e^{-i\omega_2\tau_1} & a(\omega_2,\tau_2)e^{-i\omega_2\tau_2} & \cdots & a(\omega_2,\tau_M)e^{-i\omega_2\tau_M} \\
\vdots & \vdots & & \vdots \\
a(\omega_L,\tau_1)e^{-i\omega_L\tau_1} & a(\omega_L,\tau_2)e^{-i\omega_L\tau_2} & \cdots & a(\omega_L,\tau_M)e^{-i\omega_L\tau_M}
\end{bmatrix}
\begin{bmatrix} r_1 \\ r_2 \\ \vdots \\ r_M \end{bmatrix}
$$

$$(4.45)$$

其矩阵形式为

$$d = Gr \qquad (4.46)$$

其中　$d = [D_1 \quad D_2 \quad \cdots \quad D_L]^T$，$r = [r_1 \quad r_2 \quad \cdots \quad r_M]^T$，$G_{i,j} = a(\omega_i,\tau_j)e^{-i\omega_i\tau_j}$

引入 Tikhonov 正则化约束后建立如下目标函数

$$J(r) = \|d - Gr\|_2^2 + \lambda \|r\|_2^2 \qquad (4.47)$$

式中　λ——正则化因子。

式(4.47)的阻尼最小二乘解为

$$r = (G^T G + \mu I)^{-1} G^T d \qquad (4.48)$$

Tikhonov 正则化是一种光滑性约束，其作用是从众多反演结果中优选出一个数据残差最小且光滑分布的反演结果。如前所述，反射系数序列并不是光滑的，具有一定的稀疏分布特征，因此，可以采用 L1 范数进行正则化约束。当选择 L1 范数作为正则化约束条件时，目标函数表达式(4.45)改写

$$J(r) = \frac{1}{2}\|d - Gr\|_2^2 + \lambda \|r\|_1 \qquad (4.49)$$

其中

$$\|r\|_1 = \sum_{i=1}^{n} |r_i| \qquad (4.50)$$

公式(4.49)可进一步改写为

$$J(\boldsymbol{r}) = \frac{1}{2} \parallel \boldsymbol{d} - \boldsymbol{Gr} \parallel_2^2 + \lambda \sum_{i=1}^{n} |r_i| \tag{4.51}$$

由于 L1 范数在零点处不可导，因此，可以将目标函数修正为

$$J(\boldsymbol{r}) = \frac{1}{2} \parallel \boldsymbol{d} - \boldsymbol{Gr} \parallel_2^2 + \lambda \sum_{i=1}^{n} \sqrt{r_i^2 + \varepsilon^2} \tag{4.52}$$

式中 ε^2——调节参数。

对上述目标函数关于反射系数 $\boldsymbol{r}$ 求导，并令其导数等于 0，有

$$\tilde{\boldsymbol{r}}^{k+1} = (\boldsymbol{G}^{\mathrm{T}}\boldsymbol{G} + \mu\boldsymbol{Q}^k)^{-1}\boldsymbol{G}^{\mathrm{T}}\boldsymbol{d} \tag{4.53}$$

其中

$$\boldsymbol{Q} = \mathrm{diag}\left\{ \frac{1}{\sqrt{(r_1)^2 + \varepsilon^2}}, \cdots, \frac{1}{\sqrt{(r_n)^2 + \varepsilon^2}} \right\}$$

方程(4.53)的求解是一个迭代过程，其迭代终止条件可以表示为

$$\frac{\parallel \boldsymbol{r}^{k+1} - \boldsymbol{r}^k \parallel}{1 + \parallel \boldsymbol{r}^{k+1} \parallel} < \delta \tag{4.54}$$

式中 δ——可接受误差。

利用图 4.6(a) 和图 4.7(a) 的模型数据，进行频率域基于非稳态反演方法模型测试。图 4.8 展示了无噪和含噪情况下频率域基于非稳态反演方法的吸收

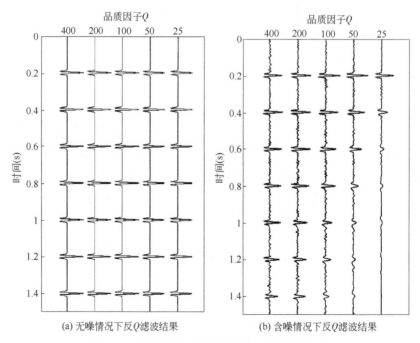

(a) 无噪情况下反 Q 滤波结果 　　　　(b) 含噪情况下反 Q 滤波结果

图 4.8　频率域基于非稳态反演方法的补偿结果

补偿结果。可以看出，在无噪情况下，该方法很好地恢复了被衰减的地震信号；在含噪情况下，该方法部分恢复了被衰减的地震信号，同时抑制了高频噪声的放大。

4.2.3 时频域方法

黏弹性介质吸收算子在小波域的表达式为

$$G(\tau,\alpha)=\exp-\left(\frac{\pi f_0\tau}{\alpha Q}+\mathrm{i}\frac{2f_0\tau}{\alpha Q}\ln\left|\frac{f_0}{\alpha f_\mathrm{r}}\right|\right) \tag{4.55}$$

式中　α——尺度，$\alpha=f_0/f$；

　　　f_0——小波基函数的主频；

　　　τ——时间；

　　　Q——品质因子；

　　　i——虚数单位；

　　　f_r——参考频率；

　　　$G(\tau,\alpha)$——描述黏弹性介质正向吸收过程的算子；

　　　$G^{-1}(\tau,\alpha)$——地层吸收补偿算子。

小波域反 Q 滤波表示为

$$\tilde{s}_0(\tau,\alpha)=\tilde{s}(\tau,\alpha)\exp\left(\frac{\pi f_0\tau}{\alpha Q}\right)\exp\left(\mathrm{i}\frac{2f_0\tau}{\alpha Q}\ln\left|\frac{f_0}{\alpha f_\mathrm{r}}\right|\right) \tag{4.56}$$

式中　$\tilde{s}(\tau,\alpha)$、$\tilde{s}_0(\tau,\alpha)$——补偿前后的小波域地震记录。

式(4.56) 表示为矩阵形式，有

$$s=Gs_0+w \tag{4.57}$$

式中　s、s_0——补偿前后地震记录矩阵；

　　　G——吸收算子矩阵；

　　　w——噪声矩阵。

引入 Tikhonov 正则化策略，有

$$\mathrm{obj}=\|s-Gs_0\|_2^2+\lambda\|s_0\|_2^2 \tag{4.58}$$

式中　λ——正则化因子。

反演结果为

$$s_0=(G^\mathrm{T}G+\lambda I)^{-1}G^\mathrm{T}s \tag{4.59}$$

将反演结果由小波时频域反变换到时间域，有

$$\hat{s}=\mathrm{ICWT}\{s_0\} \tag{4.60}$$

式中　ICWT——反小波变换。

吸收补偿主要问题分析

地层吸收是降低分辨率的主要原因，吸收补偿是提高分辨率的根本途径，Q 模型是吸收补偿的基础保障，以上观点是地球物理人员的普遍共识。然而，在地层吸收补偿的工程实践中，吸收补偿的不稳定性和对高频噪声的放大效应一直制约着反 Q 滤波技术的应用效果。如图 4.9 所示，图 4.9(a) 是不同品质因子下的合成地震记录，尽管加入少量高斯噪声，但各个地震记录上的反射信号依然十分清晰。图 4.9(b) 是吸收补偿之后的结果，除了 $Q=400$ 的第一个地震道之外，其他各个地震道 0.5s 之下的地震反射几乎完全淹没在噪声干扰里面。从这个例子可以直观地看出噪声干扰特别是高频干扰对吸收补偿的影响。

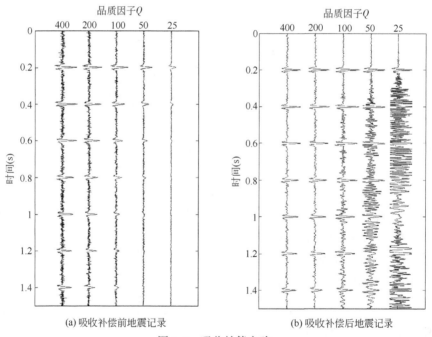

(a) 吸收补偿前地震记录　　　　　　(b) 吸收补偿后地震记录

图 4.9　吸收补偿实验

下面就地层吸收对不同频率成分的衰减作用以及不同频率成分在衰减过程中的差异进行定量分析。假设地层的品质因子 $Q=100$，这个数值是对实际地层品质因子比较合理的近似。地震波的旅行时间为 $t=2.0\mathrm{s}$，这个时间在东部地区属于中浅层油藏的零炮检距反射时间。地表激发的地震波是一个脉冲函数，也就是说，包含了所有频率成分，且每个频率成分的振幅均为 1.0。图 4.10 是地震波旅行 2.0s 之后的各个频率成分的振幅值，可以看出，50Hz、100Hz、150Hz 和 200Hz 频率成分的振幅值分别衰减到 0.043、0.0019、8.07×10^{-5} 和 3.49×10^{-6}。也就是说，地震波传播 2.0s 之后，100Hz、150Hz 和 200Hz 的振幅值大约是 50Hz 振幅值的 1/22、1/532 和 1/12320。假设野外噪声是与吸收无关的白噪，若 50Hz 频率成分的信噪比是 10.0，也就是说，50Hz 信号是 50Hz 噪声的 10 倍，那么，100Hz、150Hz 和 200Hz 频率成分的信噪比分别是 1/2.2、1/53.2 和 1/232。因此，地层吸收在降低分辨率的同时，也严重降低高频分量的信噪比。反 Q 滤波在恢复高频信号的同时，也放大了高频噪声。

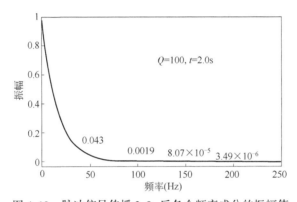

图 4.10　脉冲信号传播 2.0s 后各个频率成分的振幅值

增益限制、频率限制以及稳定化策略，在一定程度上可以抑制高频噪声的放大效应。但是，由于反 Q 滤波方法本身不能区分信号和噪声，因此，反 Q 滤波在抑制高频噪声的同时，也消除了高频信号的补偿精度。从某种意义上讲，这些稳定化策略是为了信噪比和分辨率的平衡，是一种无奈的选择。另外，虽然基于稀疏约束反演的地层吸收补偿方法没有显式的增益限制和频率限制，较基于波场延拓的吸收补偿方法具有更好的稳定性和抗噪性，但是，这种方法依然没有解决上述信噪比和分辨率的矛盾，只是该类方法将增益和频率限制隐含在目标函数及其正则化条件里面。

在实际地震资料处理工作中，若频率限制、增益限制或者其他稳定化方法选择不当，还有可能在补偿之后的地震记录中出现视觉高分辨率的假象。图 4.11 是某三维区块地层吸收补偿前后的地震剖面，图 4.12 是地层吸收补偿前后的地震子波。从地震剖面上看，补偿之后的结果似乎具有更高的分辨率。但是，从补偿前后的地震子波可以看出，补偿之后地震子波的旁瓣增加，延续时间增大，其地震剖面上的同相轴多为子波旁瓣的能量，是典型的视觉高分辨率。

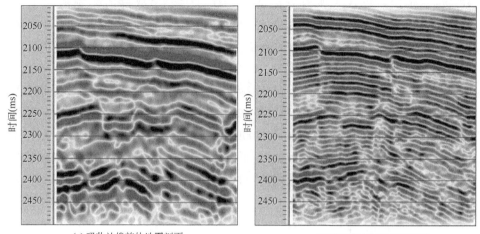

(a) 吸收补偿前的地震剖面   (b) 吸收补偿后的地震剖面

图 4.11 某三维区块地层吸收补偿前后的地震剖面

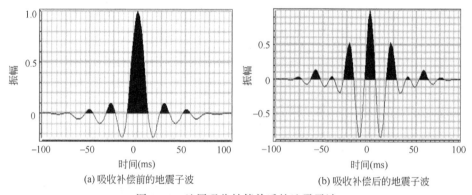

(a) 吸收补偿前的地震子波   (b) 吸收补偿后的地震子波

图 4.12 地层吸收补偿前后的地震子波

思考题和习题

1. 反 Q 滤波技术有哪几种实现途径？

2. 基于波场延拓的补偿方法是如何实现的？

3. 稳定化反 Q 滤波的核心思想是什么？

4. 增益限制法和稳定化的补偿方法的差别是什么？

5. 基于非稳态反演的补偿方法有哪几种实现途径？

6. 时间域、频率域和时频域的吸收补偿方法最主要的区别是什么？

7. 地层吸收对地震数据的影响是什么？吸收补偿的主要问题是什么？

第5章
吸收分解与分步补偿

对于 CRP 道集中的地震反射而言，其所经历的地层吸收可以分解为两部分：一部分是与反射深度有关的吸收，另一部分是与炮检距有关的吸收。将零炮检距地震记录所经历的吸收定义为与深度有关的吸收，将非零炮检距与零炮检距的吸收差异定义为与炮检距有关的吸收。与深度有关的吸收降低了地震资料的分辨率，与炮检距有关的吸收使反射振幅随炮检距的变化发生畸变，降低了 CRP 道集中地震反射及其波组关系在炮检距方向的一致性。

5.1 黏弹性介质地震波的吸收和频散

在黏弹性介质中，地震波的传播过程可以表示为

$$u(r,f) = u(0,f) \exp\left[-\mathrm{i}k(f)r\right] \qquad (5.1)$$

式中　r——传播距离；

　　　f——频率；

　　　k——波数；

　　　i——虚数单位；

　　　$u(0,f)$、$u(r,f)$——初始位置和传播 r 距离的波场。

注意，在黏弹性介质中，波数 k 不再是实数，而是与吸收系数有关的复数，可以表示为

$$k(f) = \frac{2\pi f}{v(f)} - \mathrm{i}\alpha(f) \qquad (5.2)$$

式中　$v(f)$——相速度；

$\alpha(f)$——吸收系数。

Kolsky（1956）和 Futterman（1962）定义吸收系数 $\alpha(f)$ 和相速度 $v(f)$ 分别为

$$\alpha(f) = \frac{\pi f}{v_r Q_r} \tag{5.3}$$

$$\frac{1}{v(f)} = \frac{1}{v_r}\left[1 - \frac{1}{\pi Q_r}\ln\left(\frac{f}{f_r}\right)\right] \tag{5.4}$$

式中　f_r——参考频率；

　　　v_r、Q_r——参考频率处的相速度和品质因子。

将公式（5.3）和公式（5.4）代入公式（5.2），可得

$$k(f) = \frac{2\pi f}{v_r}\left[1 - \frac{1}{\pi Q_r}\ln\left(\frac{f}{f_r}\right) - \frac{i}{2Q_r}\right] \tag{5.5}$$

将公式（5.5）代入公式（5.1），并令 $t = r/v_r$，可以进一步得到地震波的传播方程

$$u(t,f) = u(0,f)h(t,f) \tag{5.6}$$

其中　　　$h(t,f) = \exp(-i2\pi ft)\exp\left(-\frac{\pi ft}{Q_r}\right)\exp\left[\frac{i2ft}{Q_r}\ln\left(\frac{f}{f_r}\right)\right] \tag{5.7}$

式中　$h(t,f)$——地震波在黏弹性介质中的传播算子。

式（5.7）包含三个指数项，第一项描述了地震波在弹性介质中（无吸收）传播时相位的变化，第二项描述了地震波在黏弹性介质中的能量衰减，第三项描述了地震波在黏弹性介质中的速度频散。将第二项和第三项合并为

$$g(t,f) = \exp[c(f)\alpha t] \tag{5.8}$$

其中

$$\alpha = Q_r^{-1}, c(f) = -\pi f + i2f\ln\left(\frac{f}{f_r}\right) \tag{5.9}$$

5.2　地层吸收分解

吸收补偿对高频噪声的放大效应，以及为制约高频噪声放大而采用的稳定化策略，严重制约了反 Q 滤波技术在实际地震资料处理中的应用效果。尤其是对于叠前地震记录，地震信号很容易受到各类噪声的污染，虽然可以采用叠前噪声压制技术对各类噪声进行针对性的去除和压制，但是，从实际噪声干扰

中恢复高频反射信号依然是一项颇具挑战性的工作。从第 4 章的分析可以看出，哪怕是极其微弱的高频噪声，反 Q 滤波之后依然会对地震记录的信噪比产生严重影响。高频噪声放大效应是吸收补偿的结构性矛盾，很难有两全其美的解决方案。关键是应该搞清楚地层吸收对地震信号影响的不同表现形式，采用差异性的补偿策略和恢复方法，最大限度地消除地层吸收对地震记录分辨率和反射特征的影响。

5.2.1　地层吸收分解

假设地层为水平层状介质，第 i 层的速度、厚度及吸收因子分别为 v_i、h_i、α_i，地震波在水平层状介质中的传播示意图如图 5.1 所示。在图中，S 表示炮点，R 表示反射点，G 表示接收点，θ_i 表示地震波在第 i 层的入射角。

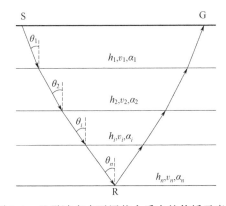

图 5.1　地震波在水平层状介质中的传播示意图

地震波由炮点 S 激发，经 R 点反射，被检波器 G 接收，其传播时间可表示为

$$t^2 = t_0^2 + \frac{x^2}{v_{\text{rms}}^2} \tag{5.10}$$

式中　x——从炮点 S 与检波点 G 之间的距离，即炮检距；

　　　t_0——零炮检距地震波双程旅行时；

　　　v_{rms}——均方根速度。

在炮检距较小的情况下，地震波在地层中的传播时间可近似表示为

$$t = t_0 + \frac{x^2}{2t_0 v_{\text{rms}}^2} = t_0 + t_{\text{nmo}} \tag{5.11}$$

式中　t_{nmo}——动校正时差。

从式(5.11) 可以看出，地震波在地层中的传播时间由两项组成：t_0 和 t_{nmo}，前者与深度有关，后者与炮检距有关。

地震信号所经历的地层吸收衰减可表示为

$$g(t,f) = \exp\left[c(f)\sum_{i=1}^{n}\alpha_i\Delta t_i\right] \tag{5.12}$$

式中 Δt_i——地震波在第 i 层中的传播时间。

与传播时间 t 分解类似，可以将地层吸收分解成独立的两项：与深度有关的吸收分量、与炮检距有关的吸收分量。因此，方程(4.12)可以改写为

$$g(t,f) = g_0(t_0,f)g_x(x,f) \tag{5.13}$$

式中 $g_0(t_0,f)$——与深度有关的吸收分量；

$g_x(x,f)$——与炮检距有关的吸收分量。

与深度有关的吸收分量描述了零炮检距地震记录的吸收特性，可表示为

$$g_0(t_0,f) = \exp\left[c(f)\alpha_{t_0}^{eff}t_0\right] \tag{5.14}$$

其中

$$\alpha_{t_0}^{eff} = \frac{\sum_{i=1}^{n}\alpha_i\Delta t_{0.i}}{t_{0,n}} \tag{5.15}$$

式中 $\alpha_{t_0}^{eff}$——深度方向上的等效吸收因子；

$\Delta t_{0,i}$——第 i 层的垂直双程传播旅行时。

与炮检距有关的吸收分量描述了非零炮检距地震记录与零炮检距地震记录之间的吸收差异，可表示为

$$g_x(x,f) = \exp\left[c(f)\sum_{i=1}^{n}\alpha_i(\Delta t_i - \Delta t_{0,i})\right] \tag{5.16}$$

基于水平层状介质和小入射角假设，方程(5.16) 可近似为（详细推导过程见附录 A）：

$$g_x(x,f) = \exp\left[c(f)\alpha_x^{eff}t_{nmo}\right] \tag{5.17}$$

其中

$$\alpha_x^{eff} = \frac{\sum_{i=1}^{n}\alpha_i v_i^2\Delta t_{0,i}}{v_{rms,n}^2 t_{0,n}} \tag{5.18}$$

式中 α_x^{eff}——炮检距方向上的等效吸收因子；

$t_{0,n}$——地震波在层状介质的自激自收时间。

在水平层状介质和小入射角的假设条件下，上述过程推导了在深度方向上和在炮检距方向上的等效吸收因子，尽管等效吸收因子具有相似的数学表达形式，但是它们具有不同的权重因子。深度方向上的等效吸收因子 $\alpha_{t_0}^{eff}$ 的权重因

子为 Δt_0，而炮检距方向上的等效吸收因子 α_x^{eff} 的权重因子为 $v^2 \Delta t_0$。层间吸收因子 α_n 可由 $\alpha_{t_0}^{\mathrm{eff}}$ 或者 α_x^{eff} 进行推导，分别表示为

$$\alpha_n = \frac{\alpha_{t_0,n}^{\mathrm{eff}} t_{0,n} - \alpha_{t_0,n-1}^{\mathrm{eff}} t_{0,n-1}}{\Delta t_{0,n}} \tag{5.19}$$

$$\alpha_n = \frac{\alpha_{x,n}^{\mathrm{eff}} v_{\mathrm{rms},n}^2 t_{0,n} - \alpha_{x,n-1}^{\mathrm{eff}} v_{\mathrm{rms},n-1}^2 t_{0,n-1}}{v_{\mathrm{rms},n}^2 t_{0,n} - v_{\mathrm{rms},n-1}^2 t_{0,n-1}} \tag{5.20}$$

值得注意的是，在地层吸收分解过程中，利用了如下动校正时差近似表达式

$$t_{\mathrm{nmo}} = \frac{x^2}{2 t_0 v_{\mathrm{rms}}^2} \tag{5.21}$$

但是，进行与炮检距有关的地层吸收补偿时，建议使用准确的动校正时差公式

$$t_{\mathrm{nmo}} = \sqrt{t_0^2 + \frac{x^2}{v^2}} - t_0 \tag{5.22}$$

5.2.2 吸收随炮检距的变化及其影响

关于地层吸收对地震记录分辨率的影响，前面的章节已经进行了深入讨论。实际上，对于叠前地震记录，地层吸收除了降低分辨率之外，CRP（Common reflection point，共反射点）道集中不同炮检距的吸收差异也畸变了 CRP 道集的 AVO（amplitude variation with offset，振幅随偏移距的变化）反射特征，降低了 CRP 道集不同地震道波组关系的横向一致性，削弱了 CRP 道集的叠加质量。

为说明地层吸收对 CRP 道集地震反射特征，尤其是对 AVO 反射特征的影响，设计了如下的模型实验：地层深度 $h = 1400\mathrm{m}$，品质因子 $Q = 70$，上覆地层的纵波速度、横波速度、密度分别是 $v_{\mathrm{p1}} = 3100\mathrm{m/s}$、$v_{\mathrm{s1}} = 1280\mathrm{m/s}$、$\rho_1 = 2.30\mathrm{g/cm^3}$，下伏地层的纵波速度、横波速度、密度分别是 $v_{\mathrm{p2}} = 2500\mathrm{m/s}$、$v_{\mathrm{s2}} = 1265\mathrm{m/s}$、$\rho_2 = 2.12\mathrm{g/cm^3}$，道间距为 40m，子波为主频 50Hz 的雷克子波，在不考虑几何扩散、透射损失和动校正拉伸的情况下，基于 Zoeppritz 方程合成共反射点道集。图 5.2 是不考虑地层吸收的 CRP 道集和考虑与炮检距有关地层吸收的 CRP 道集，可以看出，考虑地层吸收之后，由于不同炮检距地震信号经历了不同的地层衰减，CRP 道集上地震反射特征发生明显变化。

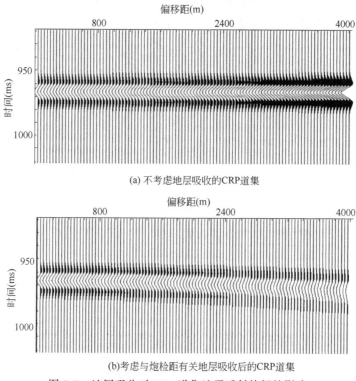

(a) 不考虑地层吸收的CRP道集

(b)考虑与炮检距有关地层吸收后的CRP道集

图 5.2 地层吸收对 CRP 道集地震反射特征的影响

图 5.3 是不考虑地层吸收和考虑地层吸收两种情况下反射振幅随炮检距变化的对比。不考虑地层吸收情况下，反射振幅随炮检距的增大而增大；考虑地层吸收之后，反射振幅随炮检距增大而减小。地层吸收改变了 AVO 反射特征，导致了 AVO 分析的解释陷阱。

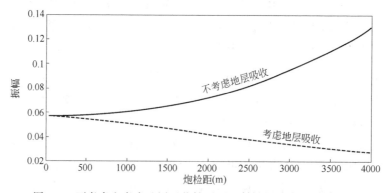

图 5.3 不考虑和考虑地层吸收情况下反射振幅随炮检距的变化

　　图 5.4 是不考虑地层吸收和考虑地层吸收两种情况下反射主频随炮检距变化的对比。不考虑地层吸收情况下，不同炮检距地震反射主频在横向上没有变化；考虑地层吸收之后，随着炮检距增加，地震波经历更多的吸收和频散，反射主频随炮检距的增大逐渐降低。

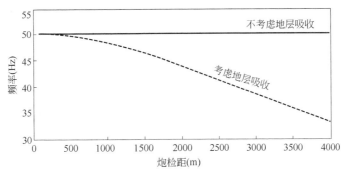

图 5.4　不考虑和考虑地层吸收情况下反射信号主频随炮检距的变化

　　在实际地震记录的 CRP 道集中，地震反射多为不同地层相互干涉形成的复合波，波组关系是对干涉模式和干涉图案的直观描述。在不考虑地层吸收和动校正拉伸的情况下，CRP 道集中不同炮检距的地震反射在横向上具有相同的干涉模式和波组关系，因此，CRP 叠加具有压制干扰波增强有效信号的能力。但是，在吸收介质中，不同炮检距的地震反射经历了不同的吸收衰减，也就是说，CRP 道集中的地震子波在炮检距方向上是变化的，地震子波的频率随着炮检距增大逐渐降低。因此，CRP 道集中地震反射的波组关系随着炮检距发生变化，这种变化降低了地震反射在炮检距方向的横向一致性，削弱了 CRP 叠加的分辨率和信噪比。图 5.5 利用模型数据展示了地层吸收对 CRP 道集中地震反射特征横向一致性的影响，其中，图 5.5(a) 是不考虑地层吸收影响的 CRP 道集，地震反射及其波组关系在横向上具有很好的一致性；图 5.5(b) 是考虑横向吸收之后的 CRP 道集。重点观察图中箭头所指示的地震反射可以发现，考虑地层吸收之后，近炮检距上由两个波峰构成的地震反射在大炮检距上逐渐合并为具有一个波峰的地震反射。很显然，这种波组关系的横向变化将削弱 CRP 叠加的分辨率和信噪比，降低地震记录对薄层结构和层间内幕的刻画能力。

　　纵向吸收主要影响地震记录的分辨率，其消除方法除了反 Q 滤波之外，还可以采用各类谱白化和反褶积处理。为了适应纵向吸收的非稳态特征，还可以采用小波变换等各种基于时频分析的反褶积方法。横向吸收主要影响叠前地

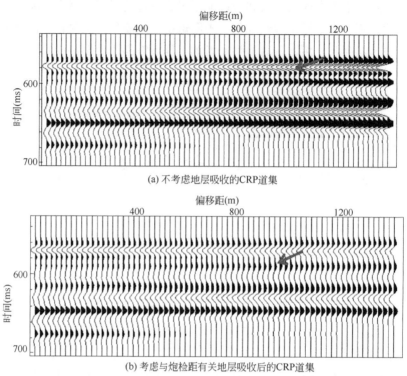

(a) 不考虑地层吸收的CRP道集

(b) 考虑与炮检距有关地层吸收后的CRP道集

图 5.5　地层吸收对 CRP 道集地震反射横向一致性的影响

震记录的 AVO 特征及其波组关系的横向一致性，反褶积和谱白化等方法无法补偿或者消除这类横向吸收的影响，这类影响只能通过吸收补偿进行校正和消除。但是，不同于叠后地震记录，叠前地震记录会受到各类噪声的污染，直接对叠前记录进行吸收补偿很容易降低地震数据的信噪比。另外，如第 4 章所讨论的，现有吸收补偿所采用的噪声抑制策略是以牺牲补偿精度为代价的，只能在信噪比和分辨率、补偿精度和稳定性之间选择妥协性平衡。本章所讨论的吸收分解和分步补偿的处理策略为更好地消除纵向吸收和横向吸收的影响提供了新的解决方案和技术对策。

5.3 分步补偿

如前所述，地层吸收可以分解为两部分：与深度有关的吸收和与炮检距有关的吸收，其等效的吸收因子分别由公式(5.15)和公式(5.18)刻画。与深度有关的吸收的主要影响是降低了地震资料的分辨率，而与炮检距有关的吸收主要影响地震反射的 AVO 特征和波组关系的横向一致性。为了消除地层吸收对地震资料的影响，需要对与深度有关的纵向吸收和与炮检距有关的横向吸收进行分步补偿。

与深度方向上的反 Q 滤波不同，基于波场延拓理论的反 Q 滤波方法不适应于对横向吸收进行补偿，横向吸收只能采用非稳态反演策略进行校正和补偿。与非稳态褶积模型类似，具有横向吸收的地震记录 $y(t)$ 可表示为如下积分函数

$$y(t) = \int x(\tau) g(\tau, t) \, \mathrm{d}\tau \tag{5.23}$$

其中
$$g(\tau, t) = \int \exp\left[c(f) \alpha_x^{\mathrm{eff}}(\tau) \tau_{\mathrm{nmo}}\right] \exp(-\mathrm{i}2\pi ft) \, \mathrm{d}f \tag{5.24}$$

式中　$x(t)$——不考虑与炮检距有关吸收的地震记录；

　　　$g(\tau, t)$——与炮检距有关的吸收响应在时间域的算子。

方程(5.24) 是第一类 Fredholm 积分方程，其数值解通常是不稳定的。引入 Tikhonov 稳定性正则化来之后，建立了如下目标函数

$$e = \left\| \int x(\tau) g(\tau, t) \, \mathrm{d}\tau - y(t) \right\|^2 + \lambda \left\| x(t) \right\|^2 \tag{5.25}$$

式中　λ——正则化参数。

将方程(5.25) 改写成矩阵形式

$$\boldsymbol{Gx} = \boldsymbol{y} \tag{5.26}$$

其中
$$\boldsymbol{G} = \begin{vmatrix} g_{1,0} & g_{2,-1} & \cdots & 0 & 0 \\ g_{1,1} & g_{2,0} & \cdots & 0 & 0 \\ g_{1,2} & g_{2,1} & \cdots & 0 & 0 \\ \vdots & \vdots & & \vdots & \vdots \\ 0 & 0 & \cdots & g_{n-1,-1} & g_{n,-2} \\ 0 & 0 & \cdots & g_{n-1,0} & g_{n,-1} \\ 0 & 0 & \cdots & g_{n-1,1} & g_{n,0} \end{vmatrix} \tag{5.27}$$

式中　$\boldsymbol{x}$、$\boldsymbol{y}$——进行炮检距有关的地层吸收补偿前后的地震记录；

　　　$\boldsymbol{G}$——积分核矩阵，由不同时刻的与炮检距有关的地层吸收响应构成。

方程(5.26) 的数值解为

$$\boldsymbol{x} = (\boldsymbol{G}^{\mathrm{T}}\boldsymbol{G} + \lambda \boldsymbol{I})^{-1} \boldsymbol{G}^{\mathrm{T}} \boldsymbol{y} \tag{5.28}$$

经过横向吸收补偿之后，消除了地层吸收对 AVO 反射特征的影响，增强

了 CRP 道集的横向一致性。此时的 CRP 道集可用于叠前地震反演，也可以直接叠加得到横向补偿之后的叠加/偏移数据。横向吸收补偿之后的地震数据仍然存在纵向吸收对地震数据分辨率的影响，需要进一步提高分辨率处理。关于提高分辨率方法的选择，既可以采用常规的反 Q 滤波技术，也可以采用 Gabor 反褶积等考虑子波时变特征的其他反褶积方法。

5.4 模型试验测试分析

本节采用模型数据就横向吸收对 CRP 道集地震反射特征的影响，特别是振幅和频率变化的影响进行试验测试分析，并就横向吸收补偿方法的有效性、稳定性和抗噪性进行了模型测试。

5.4.1 振幅和频率补偿

在不考虑几何扩散和透射损失的情况下，基于 Zoeppritz 方程合成了包含三层反射界面的 CMP 道集。模型参数如图 5.6 所示，从左到右分别为纵波速度、横波速度、密度和品质因子 Q。子波为主频为 60Hz 的雷克子波，合成记录的最小炮检距为零，最大炮检距为 1500m，道间距为 50m。

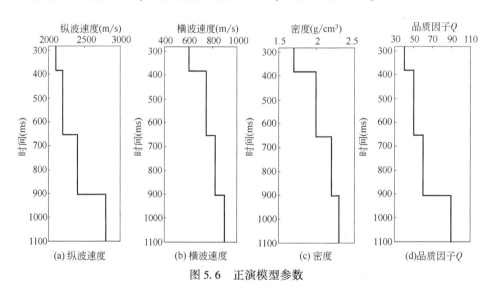

图 5.6　正演模型参数

图 5.7(a) 和图 5.7(b) 分别为不考虑和考虑地层吸收的 CMP 道集。首先对考虑地层吸收的 CMP 道集进行与炮检距有关的吸收补偿，然后进行与深度

有关的吸收补偿。补偿结果分别如图 5.7(c)和图 5.7(d)所示。

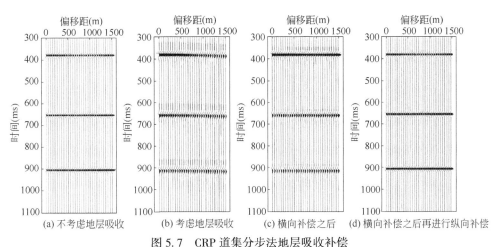

图 5.7　CRP 道集分步法地层吸收补偿

图 5.8(a)及图 5.8(b)分别显示了补偿前后第三层地震反射的峰值振幅和峰值频率随炮检距的变化。

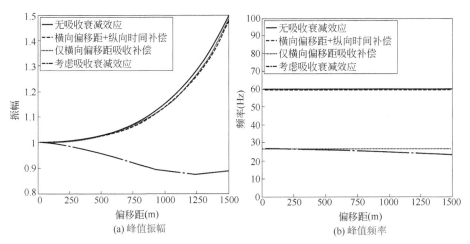

图 5.8　补偿前后第三个地震反射的振幅和频率随炮检距的变化

由图 5.8(a)可知，在不考虑地层吸收的情况下，反射振幅随炮检距的增大而增大；而考虑地层吸收之后，反射振幅随炮检距增大而减小，地层吸收改变了地震记录的 AVO 反射特征。补偿与炮检距有关的地层吸收后，反射振幅随炮检距增大而增大的 AVO 反射特征得到恢复，而补偿与深度有关的地层吸收对 AVO 反射特征几乎没有影响。由图 5.8(b)可以看出，在不考虑地层吸收情况下，不同炮检距地震道的峰值频率在横向上没有变化，其值均为 60Hz。考虑地层吸收之后，零炮检距地震道的峰值频率下降为 26.5Hz，并且随炮检距的增大峰值频率逐渐降低，在最大炮检距处下降为 23Hz。进行与炮检距有关的地层吸收补偿后，不同炮检距地震道的峰值频率均接近为 26.5Hz，即零炮检距地震道的峰值频率。再进行与深度有关的地层吸收补偿后，峰值频率整体从 26.5Hz 提高至 59.6Hz。此外，还定量地分析了地层吸收对速度频散的影响。在不考虑地层吸收情况下，所有地震道峰值振幅对应的反射时间均为 904ms；考虑地层吸收之后，零炮检距地震道对应的反射时间变为 913ms，最大炮检距道对应的反射时间为 916ms，两者之间产生了 3ms 的反射时间差异。进行与炮检距有关的地层吸收补偿后，不同炮检距地震道峰值振幅对应的反射时间均校正为 913ms，消除了反射时间的差异。再进行与深度有关的地层吸收补偿，所有地震道的反射时间由 913ms 校正为不考虑地层吸收情况下的 904ms。从上述实验可知，地层吸收改变了 CMP 道集的地震反射特征与炮检距之间的对应关系。其中，地层吸收对 AVO 分析的影响主要来自与炮检距有关的吸收，而与深度有关的吸收降低了地震记录的分辨率。

5.4.2 抗噪性试验

传统的反 Q 滤波方法会不可避免地造成高频噪声的放大效应，抗噪性是制约反 Q 滤波技术的主要因素之一。本小节利用模型数据测试了与炮检距有关的地层吸收补偿方法对噪声的稳定性。如图 5.9(a) 所示，在考虑地层吸收

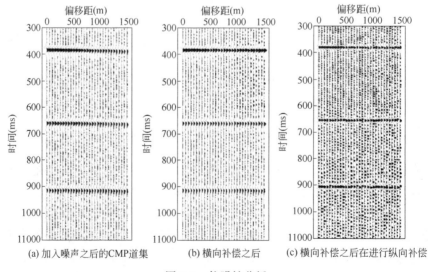

(a) 加入噪声之后的 CMP 道集   (b) 横向补偿之后   (c) 横向补偿之后在进行纵向补偿

图 5.9   抗噪性分析

的 CMP 道集中加入信噪比为 3.0 的随机噪声，随后，对含有噪声的 CMP 道集先进行与炮检距有关的地层吸收补偿，再进行与深度有关的地层吸收补偿，补偿结果分别如图 5.9(b) 及图 5.9(c) 所示。就第三个反射同相轴而言，进行与炮检距有关的地层吸收补偿后并没有造成随机噪声的过度放大。然而，进行与深度有关的吸收补偿后，随机噪声被明显放大，破坏了第三个反射同相轴的横向连续性。由于与炮检距有关的吸收补偿只是消除非零炮检距道与零炮检距道之间的吸收差异，并没有对地震波传播过程中经历的所有吸收进行补偿，因此，该方法具有更强的抗噪性。

图 5.10 是横向吸收补偿之后，第三个反射同相轴的峰值振幅随炮检距的变化曲线。尽管噪声引起了 AVO 反射特征的不稳定，但其整体变化趋势与不考虑地层吸收的 AVO 曲线基本保持一致。

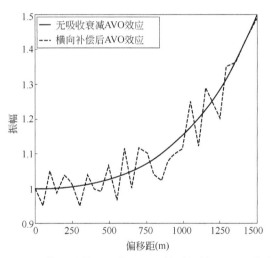

图 5.10　横向补偿之后第三个反射同相轴的 AVO 曲线

5.4.3　吸收参数误差试验

由于受到噪声和频谱干涉等因素的影响，估算得到的地层品质因子 Q 往往存在一定的误差，为此，就品质因子存在误差情况下横向吸收补偿的效果进行了测试分析。图 5.11 显示了 Q^{-1} 存在 ±15% 误差的情况下，横向补偿前后第二个反射同相轴的 AVO 曲线。当 Q^{-1} 存在 +15% 的误差时，导致了横向吸收的补偿过度；当 Q^{-1} 存在 -15% 的误差时，导致了横向吸收补偿不足。尽管吸收参数的误差影响了地层补偿的实际效果，但相较于没有补偿的地震记录，进行与炮检距有关的地层吸收补偿之后，第三个反射同相轴的 AVO 曲线更接近于没有吸收情况下的 AVO 反射特征。

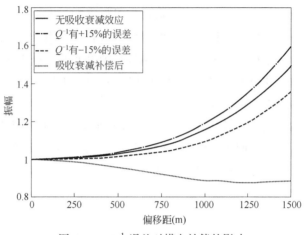

图 5.11 Q^{-1} 误差对横向补偿的影响

5.4.4 与传统反 Q 滤波方法对比试验

传统的反 Q 滤波方法基于单道地震记录进行补偿，对于 CRP 道集而言，同一个地震反射在不同炮检距地震记录上具有不同的反射时间。若吸收参数随地层深度和反射时间发生变化，则常规的反 Q 滤波技术将采用不同的吸收参数对不同炮检距上的同一个地震反射进行吸收补偿，导致不同炮检距吸收补偿的误差。图 5.12 示意性地展示常规反 Q 滤波方法存在的这个问题。图 5.12(b)为具有单一反射界面的地质模型，反射界面深度为 780m。界面之上为完全弹

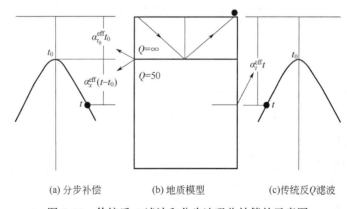

(a) 分步补偿   (b) 地质模型   (c)传统反 Q 滤波

图 5.12 传统反 Q 滤波和分步法吸收补偿的示意图

性地层，纵波速度、横波速度、密度分别为 2400m/s、1100m/s、2.2g/cm³。界面之下是黏弹性地层，纵波速度、横波速度、密度和品质因子 Q 分别为2800m/s、1350m/s、2.3g/cm³ 和 50。反射界面之上为完全弹性介质，该界面的反射波不会经历吸收衰减效应。然而，传统反 Q 滤波方法根据地震波的传播时间来计算等效吸收因子，并没有考虑地震波传播路径的影响，仍然利用错误的等效吸收因子对非零炮检距地震记录进行了补偿。而在分步法吸收补偿过程中，炮检距方向上和深度方向上的等效吸收因子均为零，不会对地震记录进行错误的吸收补偿。

利用主频为 60Hz 的雷克子波合成了炮检距范围为 0~1000m、道间距为40m 的 CMP 道集。图 5.13 展示了分别利用传统反 Q 滤波方法和两步法进行地层吸收补偿后，峰值振幅及峰值频率随炮检距变化的曲线。利用两步法进行补偿后，峰值振幅和峰值频率没有发生变化，而传统反 Q 滤波方法对没有经历地层吸收的 CMP 道集进行了补偿，导致补偿后的结果偏离了真实情况。

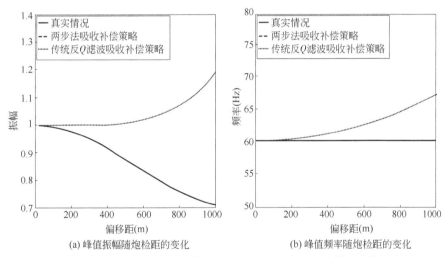

(a) 峰值振幅随炮检距的变化　　　　(b) 峰值频率随炮检距的变化

图 5.13　对图 5.7 中的模型进行传统反 Q 滤波和分步吸收补偿之后的效果对比

进一步利用传统反 Q 滤波方法对图 5.7(b)进行补偿，并提取了第三层反射同相轴的峰值振幅及峰值频率随炮检距变化的曲线，如图 5.14 所示。根据设定的地层吸收参数，在非零炮检距上传统反 Q 滤波方法计算出的等效品质因子大于真实的模型值，从而导致峰值振幅和峰值频率均出现了补偿不足的现象。

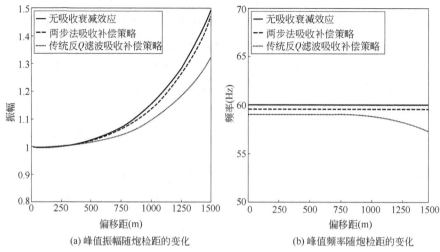

(a) 峰值振幅随炮检距的变化　　　　(b) 峰值频率随炮检距的变化

图 5.14　对图 5.7 所示的模型进行传统反 Q 滤波和分步吸收补偿之后的效果对比

5.5 实际资料处理

图 5.15 显示了本方法在大港油田某区块的应用实例，其中，图 5.15(a)为某井附近叠前时间偏移后的 CRP 道集，在 950ms 附近的两个反射同相轴，由于受到与炮检距有关的地层吸收影响，随着炮检距的增加，逐渐合并为一个反射同相轴。对如图 5.15(a)所示的 CRP 道集先进行与炮检距有关的地层吸收补偿，补偿结果如图 5.15(b)所示。补偿与炮检距有关的地层吸收后，增强了 CRP 道集地震反射的横向一致性，950ms 处远、近炮检距地震记录均显示为两个反射同相轴。为了验证补偿结果的可靠性，基于反射率法利用测井数据合成了图 5.15(d)所示的 CRP 道集。在 1100ms 附近，分别提取了图 5.15(a)、图 5.15(b)及图 5.15(d)中反射振幅随炮检距变化的曲线，并在图 5.16 进行了显示。可以看出，尽管由于噪声和其他干涉因素的影响产生了补偿误差，但是横向吸收补偿之后的反射振幅变化曲线更接近于合成 CRP 道集的变化特征。另外，在补偿与炮检距有关的地层吸收后，对图 5.15(b)中的 CRP 道集再进行增益限制为 50dB、截止频率为 80Hz 的与深度有关的吸收补偿，补偿结果如图 5.15(c)所示。尽管纵向补偿之后地震记录的分辨率得到了明显增强，但干扰噪声的放大效应也严重降低了补偿之后地震记录的信噪比。在噪声干扰如此

严重的 CRP 道集上，很难提取准确的 AVO 变化特征，这进一步证实了分步补偿的重要性和有效性。

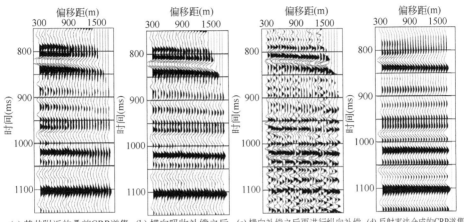

(a) 某井附近的叠前CRP道集　(b) 横向吸收补偿之后　(c) 横向补偿之后再进行纵向补偿　(d) 反射率法合成的CRP道集

图 5.15　实际 CRP 道集分步法吸收补偿试验分析

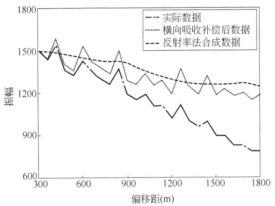

图 5.16　横向吸收补偿消除了地层吸收对 AVO 反射特征的影响

由于直接对 CRP 道集上进行反 Q 滤波存在明显的不稳定性和干扰噪声的放大效应，因此，可以先对其进行与炮检距有关的横向吸收补偿，然后再对其叠加记录进行与深度有关的纵向吸收补偿。图 5.17 显示了对叠加数据进一步纵向吸收补偿的结果。由于叠加处理提高了地震资料的信噪比，纵向补偿之后的结果在分辨率得到明显改善的同时，并没有严重降低地震记录的信噪比。需要说明的是，上述结果并不能说明叠后吸收补偿较叠前吸收补偿的结果具有更高的信噪比。实际上，由于吸收补偿是一个线性运算，补偿与叠加处理的先后顺序并不会影响最终补偿的效果。

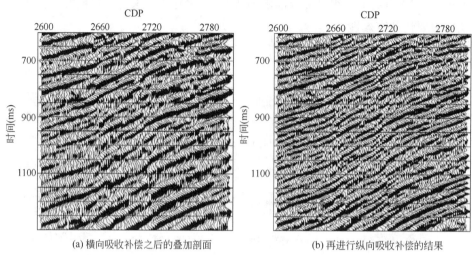

(a) 横向吸收补偿之后的叠加剖面   (b) 再进行纵向吸收补偿的结果

图 5.17　纵向吸收补偿前后效果对比

思考题和习题

1. 地层吸收分解的实现过程是什么？

2. 地层吸收对 CRP 道集的影响有哪些？

3. 分步吸收补偿的目的是什么？

4. 与常规吸收补偿方法相比，分步吸收补偿法的优势有哪些？

第6章
信号自适应识别
多道吸收补偿

对干扰噪声的放大效应是反 Q 滤波技术在实际应用中的主要问题，其根本原因在于，虽然地震信号经历了地层衰减的影响，但相同时刻的噪声干扰并没有经历与信号同样的衰减作用。由于反 Q 滤波本身并不具备信号识别能力，因此，在补偿地震信号的同时，噪声干扰被补偿放大了。

空间可预测性是信号和随机噪声的本质差异。一般而言，地震信号在空间方向具有一定的连续性和相干性，这种相干性可以通过空间反射结构算子进行预测和描述。虽然规则噪声也具有空间相干性，但描述地震信号和规则噪声的空间表征算子存在差异，两者也可以通过空间反射结构算子进行甄别和区分。

贝叶斯理论为模型反演提供了一般性技术框架，本书前面讨论了基于贝叶斯反演的地层吸收补偿方法。如果将地震信号的空间可预测性作为一种先验信息引入地层吸收补偿的目标函数，也就是说，赋予地层吸收补偿反演系统一种信号自适应识别能力，则该系统在一定程度上就可以避免对噪声干扰的放大效应。本章将就该方法的基本思路和实现过程进行详细讨论。

6.1 空间反射结构表征算子

地质结构的空间展布决定了地震信号的连续性和相干性。广义上讲，能够对地震信号空间结构进行表征的任何函数都可以看作空间反射结构表征算子。地层的倾角和倾向、同相轴斜率、道间时差是最为简单的空间结构表征算子，并由此发展了众多基于全变分（total variation，TV）正则化的地震反演方法。Auken 等（2005）和 Gholami（2010）利用模型数据的空间梯度描述所谓的

"块状地层结构"，实现了 TV 约束的保边界波阻抗反演。Clapp 等（2004）以时空变化的倾角滤波器作为正则化约束代替以往的模型梯度约束，提出了基于倾角滤波的空间结构正则化方法。李国发等（2016）将 TV 正则化引入多道稀疏脉冲反演系统，有效地压制了噪声干扰对反演结果的影响，提高了反演结果高频分量的可靠性。模型数据的协方差矩阵也可以作为模型结构空间变化的正则化约束。Ulrych 等（2001）提出了将模型正则化引入目标函数的基本思想。随后，Eidsvik 等（2004）基于马尔科夫随机场假设将模型数据的空间连续性以先验概率密度的形式引入到多道地震反演系统，实现了基于空间结构约束的多道 AVO 反演。

空间结构正则化是增强反演结果可靠性的重要约束条件，然而，模型空间的协方差矩阵需要较多的先验信息，在实际工作中很难提供计算该矩阵所需要的完整数据。地层结构的倾向和倾角等几何信息一般通过地震数据的空间梯度进行映射和估算，不仅抗噪性较差，对地震数据要求较高，而且当同一位置存在多个地震反射时，只能得到强能量反射的倾角，而忽略了其他地震反射的倾角，产生倾角滤波效应。实际上，倾角和倾向等空间连续性信息隐含了地震反射的空间可预测性。因此，从理论上讲，基于地震反射的空间可预测性可以构建一种对空间结构具有更强表征能力的空间反射结构表征算子。该算子不仅能够描述地震反射的几何结构，也能够描述反射振幅的空间变化。

6.1.1　时间空间域反射结构表征算子

地震信号的可预测性是指地震信号的每一个样点都可以通过空间预测滤波器由其周围的样点进行预测。预测过程就是以滤波器的样点值作为权系数，对被预测点周围的样点值进行加权求和，以此作为被预测点的样点值。其隐含的物理意义是，地震信号的每一个样点值并不是独立存在的，它与其周围的样点值应该满足预测滤波器所表征的数学关系。

假设有一个由 10 个系数构成的地震信号表征算子 $b_{i,j}$，其形式为

$$
\begin{array}{ccc}
\times & B_{1,-2} & B_{2,-2} \\
\times & B_{1,-1} & B_{2,-1} \\
0 & B_{1,0} & B_{2,0} \\
\times & B_{1,1} & B_{2,1} \\
\times & B_{1,2} & B_{2,2}
\end{array}
\tag{6.1}
$$

式中，i 代表沿时间方向；j 代表沿空间方向；"0"的位置表示被预测点位置；

"×"表示不参与计算的点。

从该表征算子的形式可以看出，算子在时间方向上是非因果的，用到了该时刻之前和之后的样点值，但是在空间方向是因果的，只用到了该空间点之后的样点值。被预测点与周围样点的关系表示为

$$S_{k,l} = \sum_{j=1}^{2} \sum_{i=-2}^{2} b_{i,j} S_{i-k,j-l} \tag{6.2}$$

上述地震信号表征算子 $b_{i,j}$ 是时间非因果空间因果的。事实上，该算子在空间方向上也可以是非因果的，此时，地震信号表征算子有如下形式

$$
\begin{array}{ccccc}
B_{-2,-2} & B_{-1,-2} & \times & B_{1,-2} & B_{2,-2} \\
B_{-2,-1} & B_{-1,-1} & \times & B_{1,-1} & B_{2,-1} \\
B_{-2,0} & B_{-1,0} & 0 & B_{1,0} & B_{2,0} \\
B_{-2,1} & B_{-1,1} & \times & B_{1,1} & B_{2,1} \\
B_{-2,2} & B_{-1,2} & \times & B_{1,2} & B_{2,2}
\end{array} \tag{6.3}
$$

被预测点与周围样点的关系为

$$S_{k,l} = \sum_{j=-2, j\neq 0}^{2} \sum_{i=-2}^{2} b_{i,j} S_{i-k,j-l} \tag{6.4}$$

该地震信号表征算子可以通过求解如下的最小二乘问题得到

$$\widetilde{B}_{i,j} = \underset{B_{i,j}}{\text{argmin}} \left\| S(t,x) - \sum_{j=-N, j\neq 0}^{N} \sum_{i=-M}^{M} B_{i,j} S_{i,j}(t,x) \right\|_{2}^{2} \tag{6.5}$$

式中　M、N——地震信号表征算子在时间和空间方向的长度。

6.1.2　频率空间域反射结构表征算子

在时间空间域的线性或拟线性地震信号变换到频率空间域之后，可以表示为一系列谐波的叠加。在谐波分析中，自回归滑动平均模型（ARMA 模型）是预测谐波叠加的最优模型。

假设有一个地震剖面 $S(t,x)$，该地震剖面由一个振幅大小为常数、斜率为 p 的线性同相轴组成，如果把地震数据转换到频率域，则有

$$S(f,x) = A(f) e^{j2\pi fxp} \tag{6.6}$$

式中　$A(f)$——子波的频谱；

　　　x——空间变量（偏移距）。

假设偏移距 x 是线性变化的，即 $x = n\Delta x$，$n = 1, 2, \cdots, N$，N 为地震接收道总数。对于任何一个频率 f，有如下关系成立

$$S_n(f) = Ae^{j\alpha n} \tag{6.7}$$

其中
$$\alpha = 2\pi f p \Delta x$$

由式（6.7）可知，第 n 道和第 $n-1$ 道之间的关系可以表示为
$$S_n(f) = a_1(f)S_{n-1}(f) \tag{6.8}$$

其中
$$a_1(f) = \exp(j\alpha)$$

上述递归方程是一阶差分方程，也称为一阶 AR 模型。通过这个模型，可以沿着空间变量方向递归地预测有效信号，这就是频率空间域信号预测的基本原理。

类似地，假设在时间空间域有 M 个线性同相轴，则可以用一个 M 阶的差分方程表示

$$S_n(f) = \sum_{i=1}^{M} a_i(f)S_{n-i}(f) \tag{6.9}$$

式中 $a_i(f)$——信号预测算子，$i=1,2,\cdots,M$。

在实际情况中，噪声的存在是不可避免的，因此，式（6.9）可改写为

$$\sum_{i=1}^{M} a_i S_{n-i} - S_n = W_n \tag{6.10}$$

式中 W_n——噪声序列。

式（6.10）的矩阵形式为

$$Ga - s = w \tag{6.11}$$

通过最小化噪声能量，可以得到如下目标函数

$$J = \| Ga - s \|_2^2 \tag{6.12}$$

其最小二乘解为

$$a = (G^H G + \mu I)^{-1} G^H s \tag{6.13}$$

式中 H——共轭转置。

从该表征算子的形式可以看出，待预测点的信号 $S_n(f)$ 是由预测点之前的点计算得到，即向前预测，也称为因果预测。事实上，待预测点的信号 $S_n(f)$ 既可以根据预测点之前的点预测，也可以根据预测点之后的点进行预测，即向前向后预测或者非因果预测。假设采用非因果表征算子预测地震数据，则信号预测模型可以用一个 $2M$ 阶的差分方程表示

$$S_n(f) = \sum_{i=-M, i \neq 0}^{M} a_i(f)S_{n-i}(f) \tag{6.14}$$

式中 $a_i(f)$——非因果信号预测算子，$i=-M,-M+1,\cdots,-1,1,2,\cdots,M$。

考虑到地震数据中含有噪声干扰，则

$$\widehat{G}\hat{a} - \hat{s} = \hat{w} \tag{6.15}$$

同理，通过最小化噪声能量，可得其最小二乘解为

$$\hat{a} = (\hat{G}^{\mathrm{H}}\hat{G}+\mu I)^{-1}\hat{G}^{\mathrm{H}}\hat{s} \tag{6.16}$$

6.2 吸收补偿多道反演系统

常规的基于反演的地层吸收补偿是单道运行模式，也就是说，对地震数据中的每个地震道依次进行非稳态反演，在反演的过程中没有考虑也无法考虑不同地震道补偿结果之间的在空间方向的依赖关系。为了将空间反射结构表征算子所描述的不同地震道之间的依赖关系引入到吸收补偿反演系统的正则化条件，需要将吸收补偿反演由单道模式发展为多道模式，对多个地震记录同时进行吸收补偿反演。

6.2.1　多道非稳态褶积模型

在弹性介质中，地震记录的稳态褶积模型表示为

$$d(t) = r(t) * w(t) = \int_{-\infty}^{\infty} r(\tau)w(t-\tau)\mathrm{d}\tau \tag{6.17}$$

式中　$d(t)$——地震记录；

　　　$r(t)$——反射系数；

　　　$w(t)$——震源子波。

图 6.1 展示了稳态褶积合成地震数据的示意图。

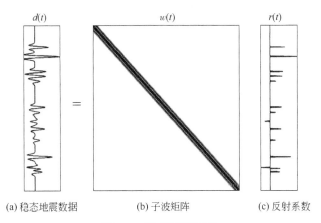

(a) 稳态地震数据　　　　(b) 子波矩阵　　　　(c) 反射系数

图 6.1　稳态褶积模型

在黏弹性介质中，地层吸收作用导致地震子波会随着传播时间发生变化，非稳态褶积模型表示为

$$d(t) = \int_{-\infty}^{\infty} w(\tau, t) r(\tau) \mathrm{d}\tau \qquad (6.18)$$

式中　$w(\tau, t)$——时变子波，且 $w(0, t) = w(t)$。

震源子波在黏弹性介质中所经历的吸收衰减表示为

$$\hat{w}(\omega) a(\omega, \tau) \mathrm{e}^{-\mathrm{i}\omega t} \qquad (6.19)$$

其中

$$a(\tau, \omega) = \exp\left(-\mathrm{i}\omega\tau \left|\frac{\omega}{\omega_{\mathrm{h}}}\right|^{-\gamma}\right) \exp\left(-\frac{\omega\tau}{2Q}\left|\frac{\omega}{\omega_{\mathrm{h}}}\right|^{-\gamma}\right)$$

$$\gamma = (\pi Q)^{-1}$$

式中　$\hat{w}(\omega)$——震源子波的频谱；

　　　$a(\tau, \omega)$——衰减函数；

　　　ω_{h}——参考频率；

　　　Q——品质因子。

将所有频率成分的衰减子波求和，即可得到衰减后的时间域地震子波

$$w(\tau, t) = \int_{-\infty}^{+\infty} \hat{w}(\omega) a(\omega, \tau) \mathrm{e}^{-\mathrm{i}\omega t} \mathrm{d}\omega \qquad (6.20)$$

将公式（6.20）代入公式（6.18），可得到时间域非稳态褶积模型

$$d(t) = \int_{-\infty}^{+\infty} \int_{-\infty}^{+\infty} \hat{w}(\omega) a(\omega, \tau) \mathrm{e}^{-\mathrm{i}\omega t} r(\tau) \mathrm{d}\omega \mathrm{d}\tau \qquad (6.21)$$

将公式（6.21）离散，可改成为如下的矩阵—向量形式

$$\begin{bmatrix} d_1 \\ d_2 \\ \vdots \\ d_N \end{bmatrix} = \begin{bmatrix} w(t_1, \tau_1) & w(t_1, \tau_2) & \cdots & w(t_1, \tau_N) \\ w(t_2, \tau_1) & w(t_2, \tau_2) & \cdots & w(t_2, \tau_N) \\ \vdots & \vdots & & \vdots \\ w(t_N, \tau_1) & w(t_N, \tau_2) & \cdots & w(t_N, \tau_N) \end{bmatrix} \begin{bmatrix} r_1 \\ r_2 \\ \vdots \\ r_N \end{bmatrix} \qquad (6.22)$$

其中

$$w(t_m, \tau_n) = \sum_{k=0}^{N/2} \hat{w}(\omega_k) a(\omega_k, \tau_n) \mathrm{e}^{-\mathrm{i}\omega_k t_m}, m, n = 1, 2, \cdots, N$$

式中　N——地震记录的采样点数。

非稳态褶积合成地震数据的示意图如图 6.2 所示。

将单道非稳态褶积模型推广到多道形式，多道非稳态褶积模型表示为

$$\begin{bmatrix} \boldsymbol{d}_1 \\ \boldsymbol{d}_2 \\ \vdots \\ \boldsymbol{d}_M \end{bmatrix} = \begin{bmatrix} \boldsymbol{W}_1 & \boldsymbol{0} & \cdots & \boldsymbol{0} \\ \boldsymbol{0} & \boldsymbol{W}_2 & \cdots & \boldsymbol{0} \\ \vdots & \vdots & & \vdots \\ \boldsymbol{0} & \boldsymbol{0} & \cdots & \boldsymbol{W}_M \end{bmatrix} \begin{bmatrix} \boldsymbol{r}_1 \\ \boldsymbol{r}_2 \\ \vdots \\ \boldsymbol{r}_M \end{bmatrix} \qquad (6.23)$$

或 $$s = Gm \tag{6.24}$$

式中　s、m——多道地震数据和反射系数按列依次排列形成的超级向量；

　　　G——块状吸收矩阵。

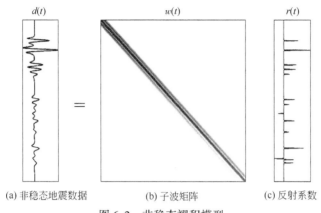

(a) 非稳态地震数据　　　　(b) 子波矩阵　　　　(c) 反射系数

图 6.2　非稳态褶积模型

　　图 6.3 是多道非稳态褶积合成地震数据的示意图，不同地震道首尾相接构成列向量，不同地震道的吸收矩阵沿对角线相互拼接构成大型分块矩阵。

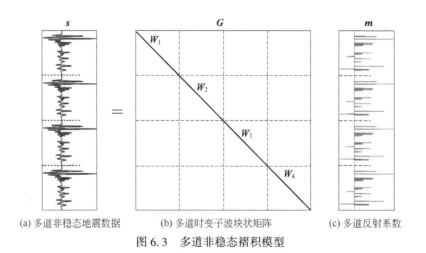

(a) 多道非稳态地震数据　　　　(b) 多道时变子波块状矩阵　　　　(c) 多道反射系数

图 6.3　多道非稳态褶积模型

6.2.2　无反射结构约束的多道吸收补偿

　　在第 4 章基于反演的反 Q 滤波中讨论的反射系数的概率分布函数、反射吸收稀疏结构是目前较为常用的反射系数正则化方法。为此，采用 L1 范数对

反射系数施加进行正则化约束，构建如下的目标函数

$$\phi(m) = \frac{1}{2} \parallel Gm-s \parallel_2^2 + \lambda_1 \parallel m \parallel_1 \qquad (6.25)$$

式中 λ_1——调节因子，其作用是调节正则化约束项的权重。

上述的 L1 范数约束问题可以采用迭代重加权算法或者 ADMM 算法迭代求解。ADMM 算法的核心思想是：通过引入中间变量 z，对目标函数中的 L1 范数约束项和 L2 范数误差项进行解耦

$$\phi(m,z) = \frac{1}{2} \parallel Gm-s \parallel_2^2 + \lambda_1 \parallel z \parallel_1 \quad \text{s. t. } m-z=0 \qquad (6.26)$$

进一步可以得到增广拉格朗日函数

$$L(m,z,u) = \frac{1}{2} \parallel Gm-s \parallel_2^2 + \lambda_1 \parallel z \parallel_1 + u^{\mathrm{T}}(m-z) + \frac{\rho}{2} \parallel m-z \parallel_2^2 \quad (6.27)$$

式中 u——拉格朗日算子；

ρ——惩罚因子。

最后，得到如下的迭代表达式

$$\begin{cases} m^{k+1} = (G^{\mathrm{T}}G + \rho I)^{-1}(G^{\mathrm{T}}s + \rho z^k - u^k) \\ z^{k+1} = S(m^{k+1} + u^k, \lambda_1/\rho) \\ u^{k+1} = u^k + \rho(m^{k+1} - z^{k+1}) \end{cases} \qquad (6.28)$$

式中 k——迭代次数；

$S(*)$——软阈值函数，且 $S(x,\sigma) = \mathrm{sgn}(x)\max\{|x|-\sigma, 0\}$。

该迭代公式的终止条件为

$$\left(\frac{\parallel m^{k+1} - m^k \parallel}{1 + \parallel m^{k+1} \parallel} < \varepsilon \right) \cup (k > N) \qquad (6.29)$$

式中 ε——容许误差，$\varepsilon > 0$；

N——最大迭代次数。

在得到多道反射系数 m 后，可以将其转化为二维反射系数模拟 $[r_1, r_2, \cdots, r_M]$。考虑到吸收补偿的目的是消除地层吸收对分辨率的影响，而并非得到实际的反射系数序列，因此，可以将反演结果与子波褶积，得到补偿后的地震记录

$$[d_1, d_2, \cdots, d_M] = [Wr_1, Wr_2, \cdots, Wr_M] \qquad (6.30)$$

需要注意的是，虽然目标函数（6.25）采用了多道吸收补偿运算框架，但并没有施加反射结构空间约束，还不能有效地抑制噪声干扰的放大效应。

6.2.3　空间反射结构正则化多道吸收补偿

前面已经介绍了时间空间域和频率空间域的空间反射结构表征算子，将该算子加入多道吸收补偿的目标函数，就可以实现空间反射结构约束的多道吸收补偿。下面以时间空间域反射结构表征算子为例，详细介绍反射结构约束多道吸收补偿的实现过程。

基于信号自适应预测方法，从输入地震记录中估算反射结构表征算子 $b_{i,j}$，进而由 $c_{i,j}=b_{i,j}-\delta_{i,i}$ 得到反射结构预测方法算子 $c_{i,j}$，假设该算子在时间和空间方向的半长度为 2，则该算子有如下形式

$$
\begin{array}{ccccc}
c_{-2,-2} & c_{-1,-2} & \times & c_{1,-2} & c_{2,-2} \\
c_{-2,-1} & c_{-1,-1} & \times & c_{1,-1} & c_{2,-1} \\
c_{-2,0} & c_{-1,0} & -1 & c_{1,0} & c_{2,0} \\
c_{-2,1} & c_{-1,1} & \times & c_{1,1} & c_{2,1} \\
c_{-2,2} & c_{-1,2} & \times & c_{1,2} & c_{2,2}
\end{array}
\tag{6.31}
$$

注意，该算子在中心点的系数为 -1，意味着将该算子与输入地震记录进行褶积的结果不再是地震信号本身，而是地震记录与地震信号的残差，表示为

$$
e(t,x)=c(t,x)*y(t,x)
\tag{6.32}
$$

式中　$e(t,x)$——预测误差。

式(6.32)是一个二维褶积运算，不方便用矩阵进行表示。需要采用 Helix 变换将其转化为一维褶积问题。图 6.4 是 Helix 变换实现过程示意图，其具

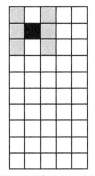

(a) 二维滤波器映射到地震数据上　　(b) 将地震数据卷成圆柱形　　(c) 将地震数据展开成一维的序列

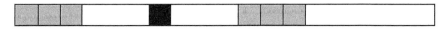

(d) 将相同位置的滤波系数与地震数据相乘相加得到褶积结果

图 6.4　Helix 变换示意图

体实现过程包括四个步骤：首先，将二维滤波器映射到地震数据上；然后，将地震数据卷成圆柱形，第一道地震数据的末端与第二道地震数据的起始位置相连；接下来，将地震数据展开成一维的序列；最后，将相同位置的滤波系数与地震数据相乘相加得到褶积结果。利用 Helix 变换，方程（6.32）改写为

$$e_{1d} = b_{1d} \otimes y_{1d} \tag{6.33}$$

式中 e_{1d}、b_{1d}、y_{1d}——公式（6.32）中对应函数的 Helix 变换的结果。

式（6.33）的矩阵形式可以表示为

$$e = Cy = C\widehat{W}m = Gm \tag{6.34}$$

式中 C——反射结构预测误差算子矩阵；

$\widehat{W}$——由地震子波构成的分块矩阵；

m——由反射系数构成的向量。

对上面的多道吸收补偿目标函数施加反射结构约束，得到如下的目标函数

$$\phi(m) = \frac{1}{2} \parallel Gm-s \parallel_2^2 + \lambda_1 \parallel m \parallel_1 + \frac{\lambda_2}{2} \parallel B\widehat{W}m \parallel_2^2 \tag{6.35}$$

式中 λ_1、λ_2——稀疏结构和空间结构的正则化因子；

B——与有效频带有关的滤波器。

采用 ADMM 算法对上述目标函数进行求解，通过引入中间变量 z，式（6.35）可改写为

$$\phi(m,z) = \frac{1}{2} \parallel Gm-s \parallel_2^2 + \lambda_1 \parallel z \parallel_1 + \frac{\lambda_2}{2} \parallel B\widehat{W}m \parallel_2^2 \quad \text{s.t.} \quad m-z=0 \tag{6.36}$$

进一步可以得到增广拉格朗日函数

$$L(m,z,u) = \frac{1}{2} \parallel Gm-s \parallel_2^2 + \lambda_1 \parallel z \parallel_1 + \frac{\lambda_2}{2} \parallel B\widehat{W}m \parallel_2^2 + u^{\text{T}}(m-z) + \frac{\rho}{2} \parallel m-z \parallel_2^2 \tag{6.37}$$

最后，可以得到如下的迭代表达式

$$\begin{cases} m^{k+1} = [\,G^{\text{T}}G + \rho I + \lambda_2 (B\widehat{W})^{\text{T}} B\widehat{W}\,]^{-1} (G^{\text{T}}s + \rho z^k - u^k) \\ z^{k+1} = S(m^{k+1} + u^k, \lambda_1/\rho) \\ u^{k+1} = u^k + \rho (m^{k+1} - z^{k+1}) \end{cases} \tag{6.38}$$

模型测试和实际数据处理

6.3

本节首先采用模型数据就该方法的有效性进行测试分析。图 6.5 展示了本书方法模型测试的实验数据，其中，图 6.5(a) 是一个相对简单的地质模型，图 6.5(b) 是不考虑地层吸收情况下利用褶积模型得到的合成记录，图 6.5(c) 是加入地层吸收之后的结果，图 6.5(d) 是在吸收记录中加入随机噪声之后的结果。在考虑和不考虑空间反射结构约束的情况下，分别对如图 6.5(d) 所示的含噪地震记录分别进行地层吸收补偿，图 6.6 展示了两种方法的补偿结果，引入空间反射结构正则化之后，有效地抑制了噪声干扰的放大效应，在提高分辨率的同时，有效地保持了地震记录的信噪比。

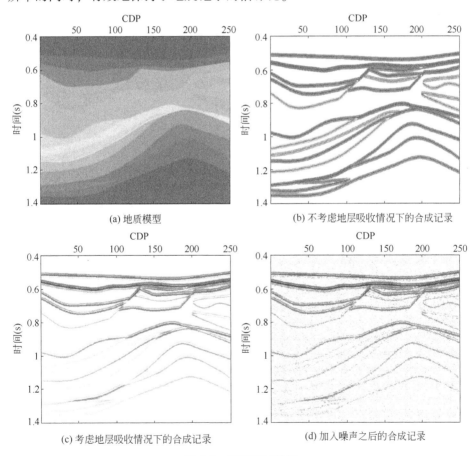

(a) 地质模型　　　　(b) 不考虑地层吸收情况下的合成记录

(c) 考虑地层吸收情况下的合成记录　　(d) 加入噪声之后的合成记录

图 6.5　模型测试数据

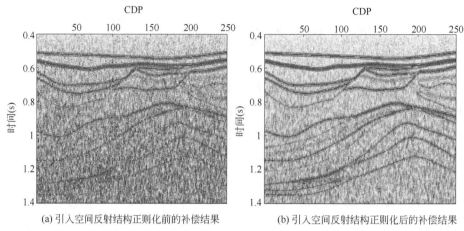

(a) 引入空间反射结构正则化前的补偿结果　　　(b) 引入空间反射结构正则化后的补偿结果

图 6.6　引入空间反射结构正则化前后的补偿结果

下面进一步利用实际地震数据就该方法进行测试分析，测试结果显示在图 6.7 中。如图 6.7(a) 所示的输入地震记录虽然分辨率较低，但视觉上并没有太多的噪声干扰，进行单道吸收补偿之后，虽然分辨率得到了明显改善，但

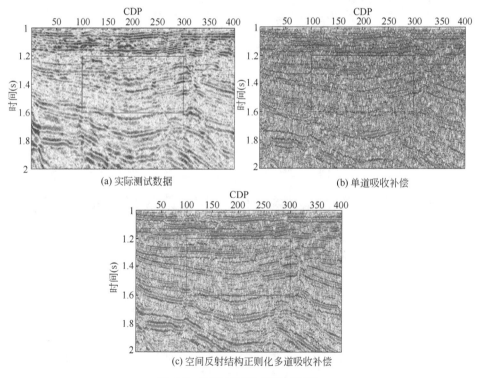

(a) 实际测试数据　　　　　　　　　(b) 单道吸收补偿

(c) 空间反射结构正则化多道吸收补偿

图 6.7　实际地震数据测试结果

严重降低了地震记录信噪比。引入空间反射结构正则化之后，由于多道吸收补偿系统具备了信号与噪声的甄别能力，因此，在对地震信号进行补偿的同时，并没有放大噪声干扰的影响。图6.8是局部放大显示，可以看出，反射结构正则化吸收补偿之后，不但地震剖面的整体结构更加明确，也清晰地展示了其中的地质现象和构造细节。

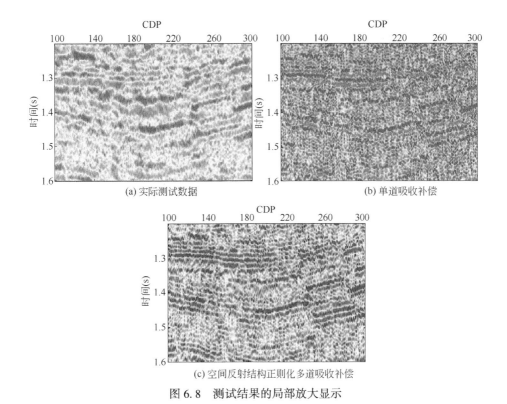

(a) 实际测试数据

(b) 单道吸收补偿

(c) 空间反射结构正则化多道吸收补偿

图6.8 测试结果的局部放大显示

　　该方法在大港油田多个三维区块进行了实际应用，有效地提高了利用吸收补偿技术提高地震数据分辨率的能力。图6.9是该方法在大港油田某三维区块的应用效果，由于上覆地层强烈的吸收作用，叠前偏移的结果虽然可靠地落实了该地区的断裂系统和构造格架，但主要目的层的空间展布及其结构关系并没有清晰地展示出来。应用反射结构正则化吸收补偿之后，在保持原始地震数据信噪比的情况下，地震数据的分辨率得到了有效改善，如图中箭头所示，大套地层之间的弱反射信号得到了补偿和恢复。

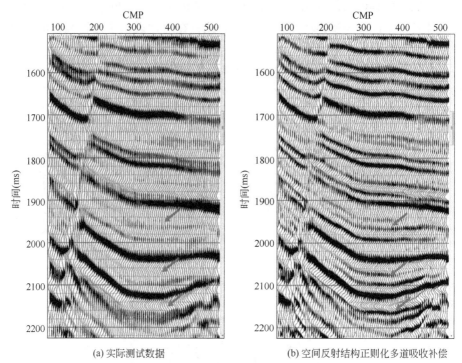

(a) 实际测试数据　　　　　　　　(b) 空间反射结构正则化多道吸收补偿

图 6.9　空间结构正则化地层吸收补偿在大港油田某三维区块的应用效果

思考题和习题

1. 传统反 Q 滤波技术的主要问题是什么？
2. 空间反射结构表征算子有哪几种表现形式？
3. 地震信号在时间域可预测的依据是什么？
4. 地震信号在频率域可预测的依据是什么？
5. 多道反演系统的优势是什么？
6. 空间反射结构正则化多道吸收补偿的核心思想是什么？

第7章
偏移过程中的
吸收补偿

前面所讨论的反 Q 滤波方法都是基于一维介质模型，没有考虑地震波在三维地下介质中的传播和衰减效应。地震偏移的主要思想是波场反向延拓，在波场反向延拓的过程中能够更好地考虑和补偿地震波在黏弹性介质中的衰减及频散效应。因此，从理论上讲，对于横向非均匀介质而言，只有采用黏弹性偏移才能更好地消除黏弹性介质对地震数据横向分辨率和纵向分辨率的影响，同时提高地震成像的横向分辨率和纵向分辨率。

 ## 黏滞声波积分法偏移

Kirchhoff（克希霍夫）积分偏移是最常用的射线类偏移方法，该方法起源于20世纪60年代的绕射扫描叠加方法，利用波动方程的 Kirchhoff 积分解来实现地震波场的反向传播以及成像。自20世纪80年代开始，Kirchhoff 积分偏移在勘探地球物理界得到了广泛的研究，衍生出一系列真振幅的偏移算法以及与之相关的地震波走时算法等技术，并因其灵活、高效的特点，在石油工业界得到了广泛的应用。

在黏弹性介质中，地震波的传播速度是一个与频率相关的复数。根据频散关系，品质因子 Q 与声波复速度场 $c(x,\omega)$ 的关系为

$$c(x,\omega)=c_0(x)\left[1+\frac{\mathrm{i}}{2Q(x)}+\frac{1}{\pi Q(x)}\ln\left(\frac{\omega}{\omega_0}\right)\right] \qquad (7.1)$$

式中 $c_0(x)$——声波速度；

$Q(x)$——品质因子场；

ω_0——参考频率。

地震波传播的复旅行时 $\widetilde{T}^*(x,\omega)$ 表达式为

$$\widetilde{T}^*(x,\omega) = T(x) + T^*(x,\omega) \tag{7.2}$$

其中
$$T^*(x,\omega) = -\frac{\mathrm{i}}{2}T^{\diamond}(x) - \frac{1}{\pi}T^{\diamond}(x)\ln\left(\frac{\omega}{\omega_0}\right) \tag{7.3}$$

$$T^{\diamond}(x) = \int_{\mathrm{ray}} \frac{1}{c_0 Q(x)}\mathrm{d}s \tag{7.4}$$

式中　$T(x)$——在声学介质中声波以速度 $c_0(x)$ 传播的旅行时，描述了地震波传播的运动学特征，可以通过常规的声波介质旅行时计算方法求取（如射线追踪法或求解程函方程的方法）；

$T^*(x)$——由于黏滞声学介质的吸收衰减对旅行时的改变量；

$T^{\diamond}(x)$——与品质因子 Q 相关的项。

在公式（7.3）中，右端第一项表示与振幅衰减相关的项，第二项是与相位畸变相关的项，这两项的计算都依赖于 $T^{\diamond}(x)$，即 Q^{-1} 沿着射线路径的积分。当吸收衰减较小时，地震波在声学介质中的传播路径与黏滞声学介质中的传播路径类似，因此，可以使用声学介质中追踪的射线路径计算 $T^{\diamond}(x)$。

在声学介质中，常规积分法叠前深度偏移的公式为

$$u(\boldsymbol{x}) = \int A(\boldsymbol{x},\boldsymbol{x}_\mathrm{r})\mathrm{d}\boldsymbol{x}_\mathrm{r}\int F(\omega)\exp[-\mathrm{i}\omega\tau(\boldsymbol{x},\boldsymbol{x}_\mathrm{r})]D(\boldsymbol{x}_\mathrm{r},\omega)\mathrm{d}\omega \tag{7.5}$$

式中　$\boldsymbol{x}_\mathrm{r}$——检波点的空间坐标；

$D(\boldsymbol{x}_\mathrm{r},\omega)$——地面地震记录数据；

$F(\omega)$——频率域的相移因子；

$\tau(\boldsymbol{x},\boldsymbol{x}_\mathrm{r})$——从成像点到检波点的旅行时；

$A(\boldsymbol{x},\boldsymbol{x}_\mathrm{r})$——振幅加权因子。

在黏滞声学介质中，需要将式（7.5）中的实旅行时 τ 替换成复旅行时，进而可以得到黏滞声波积分法叠前深度偏移的公式为

$$\begin{aligned}u(\boldsymbol{x}) &= \int A(\boldsymbol{x},\boldsymbol{x}_\mathrm{r})\mathrm{d}\boldsymbol{x}_\mathrm{r}\int F(\omega)\exp[-\mathrm{i}\omega\widetilde{T}^*(\boldsymbol{x},\boldsymbol{x}_\mathrm{r},\omega)]D(\boldsymbol{x}_\mathrm{r},\omega)\mathrm{d}\omega\\ &= \int A(\boldsymbol{x},\boldsymbol{x}_\mathrm{r})\mathrm{d}\boldsymbol{x}_\mathrm{r}\int F(\omega)\exp[-\mathrm{i}\omega\tau(\boldsymbol{x},\boldsymbol{x}_\mathrm{r},\omega)]\varLambda(\boldsymbol{x},\boldsymbol{x}_\mathrm{r},\omega)\varTheta(\boldsymbol{x},\boldsymbol{x}_\mathrm{r},\omega)D(\boldsymbol{x}_\mathrm{r},\omega)\mathrm{d}\omega\end{aligned} \tag{7.6}$$

$$\varTheta(\boldsymbol{x},\boldsymbol{x}_\mathrm{r},\omega) = \exp\left[-\frac{\mathrm{i}}{\pi}\omega T^*(\boldsymbol{x},\boldsymbol{x}_\mathrm{r})\ln\left(\frac{\omega}{\omega_0}\right)\right]$$

其中
$$\varLambda(\boldsymbol{x},\boldsymbol{x}_\mathrm{r},\omega) = \exp\left[\frac{1}{2}\omega T^*(\boldsymbol{x},\boldsymbol{x}_\mathrm{r})\right]$$

式中　$A(x,x_r,\omega)$——振幅补偿项；

　　　$\Theta(x,x_r,\omega)$——相位校正项。

由此可见，在黏弹性介质中，Q 偏移成像过程是按波场的传播路径对介质的黏弹性吸收衰减效应予以振幅补偿与相位校正。与传统的一维反 Q 滤波相比，该方法的吸收补偿结果更为准确。为了使在黏弹性介质中的射线追踪恢复到弹性介质中的射线追踪，只需要额外计算一个关于 Q^{-1} 的积分即可。

从方程(7.6)可以看出，振幅补偿因子 $\Lambda(x_s,x_r,x)$ 是一个以 e 为底数的指数函数，其补偿能量随频率的升高而显著增大，如果不进行稳定性处理则会严重影响成像结果，甚至会计算溢出。为了解决振幅补偿的不稳定性问题，应对指数项的高频段进行限制和截断，以免过分放大噪声。为此，可以将振幅补偿项修改为

$$\Lambda(x_s,x_r,x)=\exp\left[\frac{1}{2}\omega T^*(x_s,x_r,x)\right]\approx\frac{\exp[-0.5\omega T^*(x_s,x_r,x)]+\delta^2}{\exp[-\omega T^*(x_s,x_r,x)]+\delta^2}\quad(7.7)$$

其中　　　　　　　　　　$\delta=\exp(-0.23G-1.63)$

式中　G——增益限制，用以确保信号的低频部分得到补偿，并与准确值相
　　　　　符，高频得到限制。

式(7.7)为解决振幅补偿的不稳定性问题的基本思路。

黏滞声波积分法叠前深度偏移算法的实施包括以下步骤：

(1) 对于单炮偏移，输入地震记录 $D(x_r,\omega)$、平滑速度和 Q 模型；

(2) 根据炮点和检波点的位置信息以及速度模型，进行射线追踪，得到整个射线路径的参数；

(3) 根据射线路径的参数，计算 $T^\diamond(x)$，并得到复旅行时 $\widetilde{T}^*(x,\omega)$；

(4) 根据复旅行时 $\widetilde{T}^*(x,\omega)$，构造稳定化的振幅补偿算子 $\Lambda(x_s,x_r,x)$；

(5) 根据黏滞声波积分法叠前深度偏移成像公式(7.6)，得到成像结果。

需要注意的是，在声学介质中，旅行时 $\tau(x,x_r)$ 是一个实数，所以其频域积分可以通过与时间域的脉冲函数进行褶积来计算。但是在黏滞声学介质中，$\widetilde{T}^*(x,x_r,\omega)$ 是一个与品质因子相关的复数，可由方程(7.2)来计算。此时，其频域积分不能简单地通过时间域的褶积来计算，这会增加克希霍夫偏移的计算成本。为了降低黏滞声学介质中克希霍夫偏移的计算代价，可以采用一种用频域卷积来计算积分的方法。该方法是将与频率有关的旅行时间制成表格，并在时空域内插值它们。此外，这种偏移方法实现过程简单、计算量小，可有效提高深层地震信号的分辨率和保真度，满足叠前反演和储层预测的要求。

图 7.1 是东方地球物理公司大港研究院提供的克希霍夫黏滞声波偏移应用

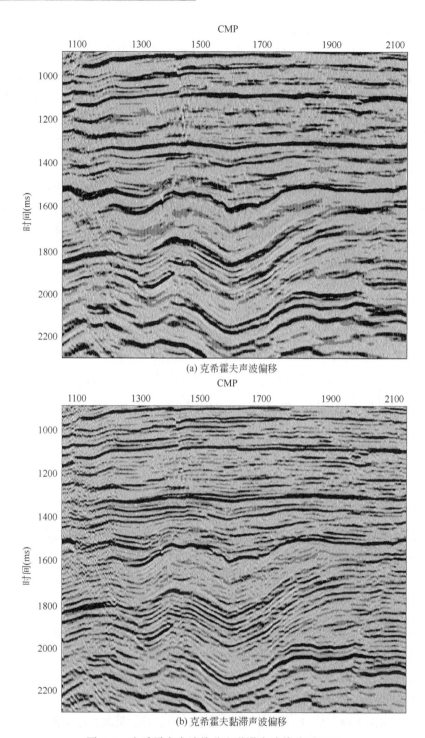

(a) 克希霍夫声波偏移

(b) 克希霍夫黏滞声波偏移

图 7.1　克希霍夫声波偏移和黏滞声波偏移对比图

实例。黏弹性偏移剖面较常规偏移剖面在分辨率和成像精度上均有了明显改善。不整合面地震反射更加聚焦，地层结构及其接触关系更加明确，地层内幕和薄层结构得到了更好刻画。

 7.2 频率域黏滞声波逆时偏移

　　Whitmore（1983）和 Baysal（1983）分别从不同的角度提出了逆时偏移的概念。顾名思义，不同于常规偏移方法的地震波场沿深度方向进行反向延拓，逆时偏移将地震波场沿时间方向进行反向外推，因此，一般在时间空间域进行逆时偏移。但是，在时间空间域进行黏滞声波逆时偏移时遇到了一些特殊的问题。虽然有很多描述地震波在黏滞声波介质中传播过程的波动方程，但是，这些方程大多数不满足常 Q 模型。Zhu 和 Harris（2015）通过将常 Q 模型进行近似，给出分数阶黏滞声波方程。分数阶黏滞声波方程虽然可以近似描述地震波在常 Q 介质中的吸收和频散特征，但其数值解法非常复杂。不同于时间空间域的黏滞声波方程，在频率空间域，通过将地震波的速度设置为复数，能够很方便地由声波方程得到常 Q 模型的黏滞声波方程。遗憾的是，由于黏滞声波介质中地震波的复速度与频率有关，很难将频率空间域的常 Q 黏滞声波方程变换到时间空间域，进而得到时间空间域的常 Q 模型黏滞声波方程。因此，需要在频率空间域实现常 Q 模型的逆时偏移。

　　逆时偏移的实现过程可以概括为三个步骤：首先利用对震源波场进行正向外推，得到正传波场；然后，对地震记录进行逆时延拓，得到反传波场；最后，利用正传波场和反传波场进行成像，得到最终成像剖面。可以看出，正演模拟是逆时偏移的基础，下面就频率空间域黏滞声波方程正演模拟方法进行简要介绍。

7.2.1　黏滞声波方程正演模拟

　　在声学介质中，二维声波方程的频率域形式为

$$\frac{\partial}{\partial x}\left[\frac{1}{\rho(x,z)}\frac{\partial P(x,z,\omega)}{\partial x}\right]+\frac{\partial}{\partial z}\left[\frac{1}{\rho(x,z)}\frac{\partial P(x,z,\omega)}{\partial z}\right]+\frac{\omega^2}{K(x,z)}P(x,z,\omega)=-f(x,z,\omega)$$

$$(7.8)$$

式中　x、z——横向和纵向坐标；

　　　ω——圆频率，$\omega=2\pi f$；

$P(x,z,\omega)$ ——频率域的声压场；

$\rho(x,z)$ ——密度；

$K(x,z)$ ——体积模量，$K(x,z)=\rho(x,z)v(x,z)^2$；

$v(x,z)$ ——地震波速度；

$f(x,z,\omega)$ ——频率域的震源函数。

在黏滞声学介质中，地震波传播过程会受到吸收衰减作用的影响，这种吸收衰减效应可以用吸收衰减模型（Kolsky-Futterman 模型、常 Q 模型等）来描述。本书采用 Kolsky-Futterman 模型来刻画地层的黏滞声波性质，Kolsky-Futterman 模型的频散关系可以表示为

$$\frac{1}{v(\omega)}=\frac{1}{v_r}\left[1-\frac{1}{\pi Q}\ln\left(\frac{\omega}{\omega_0}\right)\right]\left(1-\frac{i}{2Q}\right) \tag{7.9}$$

式中 $v(\omega)$ ——地震波传播的相速度；

v_r ——参考速度；

Q ——品质因子；

i ——虚数单位；

ω_0 ——参考圆频率。

将声波方程(7.8)中的实速度替换为 Kolsky-Futterman 模型中的复速度，即可得到频率域的二维黏滞声波方程

$$\frac{\partial}{\partial x}\left[\frac{1}{\rho(x,z)}\frac{\partial P(x,z,\omega)}{\partial x}\right]+\frac{\partial}{\partial z}\left[\frac{1}{\rho(x,z)}\frac{\partial P(x,z,\omega)}{\partial z}\right]+\frac{\omega^2}{K(x,z,\omega)}P(x,z,\omega)=-f(x,z,\omega)$$
$$\tag{7.10}$$

式中 $K(x,z,\omega)$ ——复体积模量，$K(x,z,\omega)=\rho(x,z)v(x,z,\omega)^2$。

可以看出，频率域的声波方程和黏滞声波方程在形式上完全一致，唯一的区别在于，黏滞声波方程引入了复速度以便准确地模拟出地层的吸收衰减效应。

另外，Kolsky-Futterman 模型同时考虑了振幅衰减和相速度频散。如果只考虑振幅衰减效应，则该模型可以修改为

$$\frac{1}{v(\omega)}=\frac{1}{v_r}\left(1-\frac{j}{2Q}\right) \tag{7.11}$$

如果只考虑相速度频散，则该模型可以修改为

$$\frac{1}{v(\omega)}=\frac{1}{v_r}\left[1-\frac{1}{\pi Q}\ln\left(\frac{\omega}{\omega_0}\right)\right] \tag{7.12}$$

如果既不考虑相速度频散也不考虑振幅衰减，则该模型退化为声波形式。由此

可知，通过修改 Kolsky-Futterman 模型中复速度的不同形式，可以灵活地实现对频散效应或能量衰减效应的单独模拟。

可以采用多种数值方法对黏滞声波方程(7.10) 进行求解，如有限元法、有限差分法等。有限差分法由于计算效率高、编程简单，常被用来求解该类方程。标准五点差分是二维黏滞声波方程最简单的离散方式，即利用当前点和该点上下左右 4 个点确定该点的波场值，如图 7.2(a) 所示。

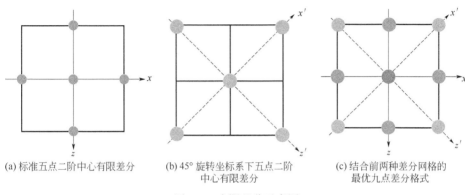

(a) 标准五点二阶中心有限差分　　(b) 45° 旋转坐标系下五点二阶　　(c) 结合前两种差分网格的
　　　　　　　　　　　　　　　中心有限差分　　　　　　　　　最优九点差分格式

图 7.2　有限差分示意图

对黏滞声波方程(7.10) 中的二阶偏导数项进行标准五点差分离散，可得如下形式：

$$\left[\frac{\partial}{\partial x}\left(\frac{1}{\rho(x,z)}\frac{\partial P(x,z,\omega)}{\partial x}\right)\right]_{i,j} \approx \frac{1}{h^2}\left(\frac{P_{i+1,j}-P_{i,j}}{\rho_{i+\frac{1}{2},j}}-\frac{P_{i,j}-P_{i-1,j}}{\rho_{i-\frac{1}{2},j}}\right) \quad (7.13)$$

$$\left[\frac{\partial}{\partial z}\left(\frac{1}{\rho(x,z)}\frac{\partial P(x,z,\omega)}{\partial z}\right)\right]_{i,j} \approx \frac{1}{h^2}\left(\frac{P_{i,j+1}-P_{i,j}}{\rho_{i,j+\frac{1}{2}}}-\frac{P_{i,j}-P_{i,j-1}}{\rho_{i,j-\frac{1}{2}}}\right) \quad (7.14)$$

式中　h——x 和 z 方向上的网格步长，$h = \Delta x = \Delta z$。

网格点上的密度关系为

$$\frac{1}{\rho_{i\pm\frac{1}{2},j}} = \frac{1}{2}\left(\frac{1}{\rho_{i\pm1,j}}+\frac{1}{\rho_{i,j}}\right) \quad (7.15)$$

$$\frac{1}{\rho_{i,j\pm\frac{1}{2}}} = \frac{1}{2}\left(\frac{1}{\rho_{i,j\pm1}}+\frac{1}{\rho_{i,j}}\right) \quad (7.16)$$

标准五点差分格式虽然形式比较简单，但是其数值模拟的频散较为严重，模拟精度较低。为了减小数值频散，提高数值模拟精度，Jo 等 (1996) 提出用九点差分格式进行波场模拟，其九点差分可以由标准五点差分格式和45°坐标旋转后的五点差分格式加权组合得到。

将原坐标轴旋转 45°，可以得到另一种形式的五点差分格式，即 45°坐标旋转后的五点差分格式，如图 7.2（b）所示，此时网格间距为 $\sqrt{2}h$。45°旋转坐标系与笛卡尔直角坐标系之间的转换关系为

$$\begin{bmatrix} x' \\ z' \end{bmatrix} = \begin{bmatrix} -\sin\dfrac{\pi}{4} & \cos\dfrac{\pi}{4} \\ \cos\dfrac{\pi}{4} & \sin\dfrac{\pi}{4} \end{bmatrix} \begin{bmatrix} x \\ z \end{bmatrix} \tag{7.17}$$

因此，45°旋转网格下二阶偏导数项的差分形式为

$$\left\{ \frac{\partial}{\partial x'}\left[\frac{1}{\rho(x',z')} \frac{\partial P(x',z',\omega)}{\partial x'} \right] \right\}_{i,j} \approx \frac{1}{2h^2}\left(\frac{P_{i+1,j-1}-P_{i,j}}{\rho_{i+\frac{1}{2},j-\frac{1}{2}}} - \frac{P_{i,j}-P_{i-1,j+1}}{\rho_{i-\frac{1}{2},j+\frac{1}{2}}} \right) \tag{7.18}$$

$$\left\{ \frac{\partial}{\partial z'}\left[\frac{1}{\rho(x',z')} \frac{\partial P(x',z',\omega)}{\partial z'} \right] \right\}_{i,j} \approx \frac{1}{2h^2}\left(\frac{P_{i+1,j+1}-P_{i,j}}{\rho_{i+\frac{1}{2},j+\frac{1}{2}}} - \frac{P_{i,j}-P_{i-1,j-1}}{\rho_{i-\frac{1}{2},j-\frac{1}{2}}} \right) \tag{7.19}$$

进而可将空间偏导数简写为

$$\Gamma_{i,j} = \left\{ \frac{\partial}{\partial x}\left[\frac{1}{\rho(x,z)} \frac{\partial P(x,z,\omega)}{\partial x} \right] \right\}_{i,j} + \left\{ \frac{\partial}{\partial z}\left[\frac{1}{\rho(x,z)} \frac{\partial P(x,z,\omega)}{\partial z} \right] \right\}_{i,j} \tag{7.20}$$

$$\Theta_{i,j} = \left\{ \frac{\partial}{\partial x'}\left[\frac{1}{\rho(x',z')} \frac{\partial P(x',z',\omega)}{\partial x'} \right] \right\}_{i,j} + \left\{ \frac{\partial}{\partial z'}\left[\frac{1}{\rho(x',z')} \frac{\partial P(x',z',\omega)}{\partial z'} \right] \right\}_{i,j} \tag{7.21}$$

通过加权平均策略可以得到声波方程的九点差分形式

$$a\Gamma_{i,j} + (1-a)\Theta_{i,j} + \left[\frac{\omega^2}{K(x,z,\omega)}P(x,z,\omega) \right]_{i,j} = -f_{i,j} \tag{7.22}$$

式中 a——待优化系数，它反映了笛卡儿坐标系和45°旋转坐标系之间的权重关系。

为了进一步提高精度，压力加速项 $\left[\dfrac{\omega^2}{K(x,z,\omega)}P(x,z,\omega) \right]_{i,j}$ 可以通过当前点及其周围 8 个网格点的加权平均来近似

$$\frac{\omega^2}{K(x,z,\omega)}P_{i,j} \approx \frac{\omega^2}{K_{i,j}}[(cP_{i,j}+d(P_{i+1,j}+P_{i-1,j}+P_{i,j+1}+P_{i,j-1})$$
$$+e(P_{i+1,j+1}+P_{i-1,j+1}+P_{i+1,j-1}+P_{i-1,j-1})] \tag{7.23}$$

式中 c、d、e——加权系数。

Jo 等（1996）给出了如下的最优系数：$a = 0.5461$，$c = 0.6248$，$d = 0.09381$，

$e = (1-c-4d)/4 = 3.246 \times 10^{-7}$。

将公式(7.22) 和公式(7.23) 整合，可以得到如下的线性方程：

$$C_1 P_{i,j} + C_2 P_{i-1,j} + C_3 P_{i+1,j} + C_4 P_{i,j-1} + C_5 P_{i,j+1}$$
$$+ R_1 P_{i-1,j-1} + R_2 P_{i+1,j-1} + R_3 P_{i-1,j+1} + R_4 P_{i+1,j+1} = -f_{i,j} \qquad (7.24)$$

式中　C_1——中心点的系数；

　　　C_2——中心点左侧网格点的系数；

　　　C_3——中心点右侧网格点的系数；

　　　C_4——中心点上方网格点的系数；

　　　C_5——中心点下方网格点的系数；

　　　R_1，…，R_4——四个角点的系数。

记 $b_{i,j} = \dfrac{1}{\rho_{i,j}}$，九个系数的表达式为

$$C_1 = c\frac{\omega^2}{K_{i,j}} - \frac{a}{h^2}\left(b_{i+\frac{1}{2},j} + b_{i,j+\frac{1}{2}} + b_{i-\frac{1}{2},j} + b_{i,j-\frac{1}{2}}\right) - \frac{1-a}{2h^2}\left(b_{i+\frac{1}{2},j+\frac{1}{2}} + b_{i+\frac{1}{2},j-\frac{1}{2}} + b_{i-\frac{1}{2},j+\frac{1}{2}} + b_{i-\frac{1}{2},j-\frac{1}{2}}\right)$$

$$C_2 = d\frac{\omega^2}{K_{i,j}} + \frac{a}{h^2}b_{i-\frac{1}{2},j}, \qquad C_3 = \frac{\omega^2}{K_{i,j}}d + \frac{a}{h^2}b_{i+\frac{1}{2},j}, \qquad C_4 = \frac{\omega^2}{K_{i,j}}d + \frac{a}{h^2}b_{i,j-\frac{1}{2}}$$

$$C_5 = \frac{\omega^2}{K_{i,j}}d + \frac{a}{h^2}b_{i,j+\frac{1}{2}}, \qquad R_1 = e\frac{\omega^2}{K_{i,j}} + \frac{1-a}{2h^2}b_{i-\frac{1}{2},j-\frac{1}{2}}, \quad R_2 = e\frac{\omega^2}{K_{i,j}} + \frac{1-a}{2h^2}b_{i+\frac{1}{2},j-\frac{1}{2}}$$

$$R_3 = e\frac{\omega^2}{K_{i,j}} + \frac{1-a}{2h^2}b_{i-\frac{1}{2},j+\frac{1}{2}}, \quad R_4 = e\frac{\omega^2}{K_{i,j}} + \frac{(1-a)}{2h^2}b_{i+\frac{1}{2},j+\frac{1}{2}}$$

设模型的大小为 $N = N_x \times N_z$，其中 N_x 为 x 方向上网格点数，N_z 为 z 方向上网格点数，对于任意一个网格点 (i,j)，都可以计算出对应的系数矩阵：

$$A^k = \begin{bmatrix} R_1^k & C_4^k & R_2^k \\ C_2^k & C_1^k & C_3^k \\ R_3^k & C_5^k & R_4^k \end{bmatrix}, k = i + (j-1)N_x \qquad (7.25)$$

对于任意一个网格点 (i,j)，都有一个与之对应的线性方程(7.24)。如果考虑空间所有的网格点，则可以得到 N 个类似的线性方程。将这些线性方程依次排列，即可构建出如下的大型稀疏矩阵方程：

$$\boldsymbol{A}(\omega)\boldsymbol{p}(\omega) = \boldsymbol{f}(\omega) \qquad (7.26)$$

其中

$$
\begin{pmatrix}
C_1^1 & C_5^1 & & & & C_3^1 & R_4^1 & & & \\
C_4^2 & C_1^2 & C_5^2 & & & R_2^2 & C_3^2 & R_4^2 & & \\
 & C_4^3 & C_1^3 & C_5^3 & & & R_2^3 & C_3^3 & R_4^3 & \\
 & & \ddots & \ddots & \ddots & & & \ddots & \ddots & \ddots \\
 & & & C_4^{N_x} & C_1^{N_x} & & & & R_2^{N_x} & C_3^{N_x} \\
C_2^k & R_3^k & & & & C_1^k & C_5^k & & & C_3^k & R_4^k \\
R_1^{k+1} & C_2^{k+1} & R_3^{k+1} & & & C_4^{k+1} & C_1^{k+1} & C_5^{k+1} & & R_2^{k+1} & C_3^{k+1} & R_4^{k+1} \\
 & R_1^{k+i} & C_2^{k+i} & R_3^{k+i} & & & C_4^{k+i} & C_1^{k+i} & C_5^{k+i} & & R_2^{k+i} & C_3^{k+i} & R_4^{k+i} \\
 & & \ddots & \ddots & \ddots & & & \ddots & \ddots & \ddots & & & \ddots & \ddots & \ddots \\
 & & & R_1^{k+N_x} & C_2^{k+N_x} & & & & C_4^{k+i} & C_1^{k+i} & & & & R_2^{k+i} & C_3^{k+i} \\
 & & & & & C_2^{N-i} & R_3^{N-i} & & & C_1^{N-i} & C_5^{N-i} \\
 & & & & & R_1^{N-i} & C_2^{N-i} & R_3^{N-i} & & C_4^{N-i} & C_1^{N-i} & C_5^{N-i} \\
 & & & & & & R_1^{N-i} & C_2^{N-i} & R_3^{N-i} & & C_4^{N-i} & C_1^{N-i} & C_5^{N-i} \\
 & & & & & & & \ddots & \ddots & \ddots & & \ddots & \ddots & \ddots \\
 & & & & & & & & R_1^N & C_2^N & & & C_4^N & C_1^N
\end{pmatrix}
$$

式中 $\boldsymbol{f}(\omega)$ ——N 维震源列向量，$\boldsymbol{f}(\omega)=(\cdots,-f_{i,j},\cdots)^{\mathrm{T}}$；

　　　$\boldsymbol{p}(\omega)$ ——N 维波场列向量，$\boldsymbol{p}(\omega)=(\cdots,P_{i-1,j},P_{i,j},P_{i+1,j},\cdots)^{\mathrm{T}}$；

　　　$\boldsymbol{A}(\omega)$ ——$N\times N$ 的大型稀疏系数矩阵，也被称为阻抗矩阵。

　　求解方程(7.26)有两类方法，即迭代求解法和直接求解法。迭代求解法即通过共轭梯度法、Gauss-Seidel 法等数值方法迭代求出矩阵方程的近似解。这种方法的优点在于对计算机内存的要求较小，缺点是不便于进行多炮并行计算，而且一般需要特殊的预处理操作，以保证迭代算法的收敛性。直接求解法即通过对阻抗矩阵 $\boldsymbol{A}(\omega)$ 进行矩阵分解（如 LU 分解），直接求出方程的精确解。这种方法的缺点在于对阻抗矩阵 $\boldsymbol{A}(\omega)$ 进行矩阵分解时需要极大的计算量和储存空间，对计算机内存要求更高。该方法的优点在于 LU 分解后的上三角矩阵 $\boldsymbol{U}$ 和下三角矩阵 $\boldsymbol{L}$ 可以反复用于多炮模拟。从方程(7.26)可以看出，LU 分解的结果与震源列向量（右端项）无关，因此，在进行多炮模拟时只需要进行一次 LU 分解，然后通过不断替换震源列向量，不断进行 LU 回代求解，就可以完成多炮模拟过程。由于 LU 回代的计算量远远小于 LU 分解的计算量，随着模拟炮数的增加，直接求解法的总耗时增加缓慢，所以在多炮正演中具有明显的优势。

综上可知，频率域黏滞声波方程有限差分法正演模拟过程可以表述为：

（1）根据实际需要，选择合适的吸收衰减模型，确定对应的复速度；

（2）选用优化九点差分格式对黏滞声波方程(7.10)进行离散，确定差分系数并构建阻抗矩阵 $\boldsymbol{A}(\omega)$；

（3）加载震源项，构建单频震源列向量 $\boldsymbol{f}(\omega)$；

（4）利用稀疏 LU 分解算法对阻抗矩阵 $\boldsymbol{A}(\omega)$ 进行稀疏分解，得到下三角矩阵 $\boldsymbol{L}(\omega)$ 和上三角矩阵 $\boldsymbol{U}(\omega)$；

（5）回代求解，得到该频率下的地震波场 $\boldsymbol{p}(\omega)$；

（6）从最低频率 $\omega_{\min}$ 到最高频率 $\omega_{\max}$，重复步骤（2）~（5），得到各个频率下的地震波场 $\boldsymbol{p}(\omega_i)$；

（7）通过傅里叶反变换得到时间域的波场快照与检波点地震记录。

为了验证频率域黏滞声波方程正演模拟的正确性，设计了模型实验，模型大小为 101×101 网格点，空间采样间隔为 5m，地层的速度为 $v_r = 2000\text{m/s}$，地层品质因子 $Q = 10$，雷克子波主频为 30Hz。图 7.3(a) 为正演模拟观测系统示意图，分别模拟声波波场、仅振幅衰减波场、仅速度频散波场和黏滞声波波场四种情况，得到如图 7.3(b) 所示的波场快照。从图中可以看出，与声波波场相比，黏滞声波波场同时包含振幅衰减和相位畸变，而其他两者仅表现出振幅衰减或者相位畸变，这也证实上述正演模拟算法的正确性。

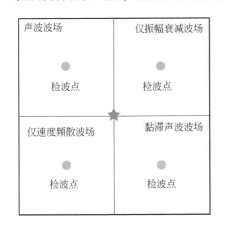

(a) 观测系统示意图

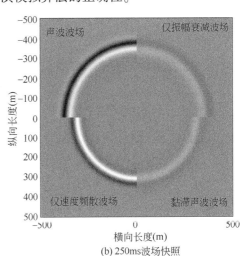

(b) 250ms波场快照

图 7.3 频率域黏滞声波方程正演模拟

7.2.2　黏滞声波方程逆时偏移

黏滞声波方程逆时偏移是由声波方程逆时偏移发展而来的，因此，本小节首先从声波方程逆时偏移出发，简单介绍声波方程逆时偏移的原理，进而将该方法推广到黏滞声波方程逆时偏移情况。

Shin 等（2003）指出，声波方程在频率域的逆时偏移成像条件可以表示为

$$I_k = \sum_{s=1}^{n} \int_0^{\omega_{max}} \mathrm{Re}\left\{ \left[\frac{\partial \boldsymbol{p}(\omega)}{\partial m_k} \right]^{\mathrm{T}} \boldsymbol{r}^*(\omega) \right\} \mathrm{d}\omega \tag{7.27}$$

式中　m_k——模型参数（如速度、密度或者阻抗等）的第 k 个分量；

$\boldsymbol{p}(\omega)$、$\boldsymbol{r}^*(\omega)$——频率空间域正传波场和频率域地震记录的复共轭；

n——炮数。

公式(7.27) 中偏导数波场 $\partial \boldsymbol{p}(\omega)/\partial m_k$ 的计算十分繁琐，为了减少计算量，可以利用伴随矩阵法对其进行化简。首先，将黏滞声波方程(7.26) 中震源波场对模型参数求偏导数

$$\boldsymbol{A} \frac{\partial \boldsymbol{p}}{\partial m_k} + \boldsymbol{p} \frac{\partial \boldsymbol{A}}{\partial m_k} = 0 \tag{7.28}$$

进而可以得到

$$\frac{\partial \boldsymbol{p}}{\partial m_k} = \boldsymbol{A}^{-1} \boldsymbol{f}_{\mathrm{v}}^k \tag{7.29}$$

式中　$\boldsymbol{f}_{\mathrm{v}}^k$——虚震源向量，$\boldsymbol{f}_{\mathrm{v}}^k = -\boldsymbol{p} \dfrac{\partial \boldsymbol{A}}{\partial m_k}$。

对于模型上的所有点，虚震源向量可以扩展为虚震源矩阵：

$$\boldsymbol{F}_{\mathrm{v}} = [\boldsymbol{f}_{\mathrm{v}}^1, \boldsymbol{f}_{\mathrm{v}}^2, \boldsymbol{f}_{\mathrm{v}}^3, \cdots, \boldsymbol{f}_{\mathrm{v}}^n] \tag{7.30}$$

从而可以将偏导数波场 $\partial \boldsymbol{p}(\omega)/\partial m_k$ 的计算转化为虚震源模拟过程

$$\left[\frac{\partial \boldsymbol{p}}{\partial m_1}, \frac{\partial \boldsymbol{p}}{\partial m_2}, \cdots, \frac{\partial \boldsymbol{p}}{\partial m_n} \right] = \boldsymbol{A}^{-1} [\boldsymbol{f}_{\mathrm{v}}^1, \boldsymbol{f}_{\mathrm{v}}^2, \cdots, \boldsymbol{f}_{\mathrm{v}}^n] = \boldsymbol{A}^{-1} \boldsymbol{F}_{\mathrm{v}} \tag{7.31}$$

将公式(7.31) 代入公式(7.27)，可得频率空间域修改后的成像条件

$$\boldsymbol{I} = \sum_{s=1}^{n} \int_0^{\omega_{max}} \mathrm{Re}[\boldsymbol{F}_{\mathrm{v}}^{\mathrm{T}} (\boldsymbol{A}^{-1})^{\mathrm{T}} \boldsymbol{r}^*] \mathrm{d}\omega \tag{7.32}$$

阻抗矩阵 $\boldsymbol{A}$ 是近似对称矩阵，因此 $(\boldsymbol{A}^{-1})^{\mathrm{T}} \approx \boldsymbol{A}^{-1}$。令 $\boldsymbol{R} = \boldsymbol{A}^{-1} \boldsymbol{r}^*$，公式(7.32)可以进一步修改为

$$I = \sum_{s=1}^{n} \int_{0}^{\omega_{max}} \mathrm{Re}\left[\left(-p\frac{\partial A}{\partial m}\right)^{\mathrm{T}} R\right] \mathrm{d}\omega \tag{7.33}$$

如果令 $m = \dfrac{1}{\rho v^2}$，则

$$\frac{\partial A}{\partial m} = \frac{\partial\left(\Delta + \dfrac{\omega}{\rho v^2}\right)}{\partial\left(\dfrac{1}{\rho v^2}\right)} = \omega^2 \tag{7.34}$$

将公式（7.34）代入公式（7.33），并加入震源照明项，可得震源照明后的成像条件为

$$I = \frac{\sum_{s=1}^{n} \int_{0}^{\omega_{max}} \mathrm{Re}\left[\omega^2 p^{\mathrm{T}} R\right] \mathrm{d}\omega}{\sum_{s=1}^{n} \int_{0}^{\omega_{max}} \mathrm{Re}\left[pp^*\right] \mathrm{d}\omega} \tag{7.35}$$

由于地下介质是非完全弹性的，地震波穿过地下介质时会产生吸收衰减效应。图7.4展示了黏滞声波正演模拟示意图。假设地层的衰减系数为 α，从震源到反射点的距离为 L_{D}，从反射点到检波点的距离为 L_{U}，则检波点波场可以表示为

$$\widetilde{R} = R\mathrm{e}^{-\alpha L_{\mathrm{D}}}\mathrm{e}^{-\alpha L_{\mathrm{U}}} \tag{7.36}$$

式中　$\widetilde{R}$、R——黏滞声波波场和声波波场。

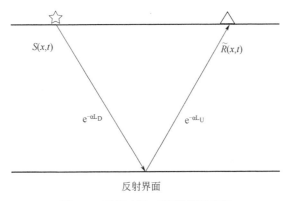

图7.4　黏滞声波正演模拟示意图

为了补偿地层的吸收衰减，黏滞声波逆时偏移成像条件中必须包含吸收补偿项。因此，在黏滞声波介质中，需要将成像条件式（7.35）修改为

$$I = \frac{\sum_{s=1}^{n} \int_{0}^{\omega_{max}} \mathrm{Re}\left[\omega^2 \boldsymbol{p}^T \boldsymbol{R} \mathrm{e}^{+\alpha L_D} \mathrm{e}^{+\alpha L_U}\right] \mathrm{d}\omega}{\sum_{s=1}^{n} \int_{0}^{\omega_{max}} \mathrm{Re}\left[\boldsymbol{p}\boldsymbol{p}^*\right] \mathrm{d}\omega} \tag{7.37}$$

令 $\boldsymbol{p}_c = \boldsymbol{p}\mathrm{e}^{+\alpha L_D}$，$\boldsymbol{R}_c = \boldsymbol{R}\mathrm{e}^{+\alpha L_U}$，式(7.37)可以进一步改写为

$$I = \frac{\sum_{s=1}^{n} \int_{0}^{\omega_{max}} \mathrm{Re}\left[\omega^2 \boldsymbol{p}_c^T \boldsymbol{R}_c\right] \mathrm{d}\omega}{\sum_{s=1}^{n} \int_{0}^{\omega_{max}} \mathrm{Re}\left[\boldsymbol{p}\boldsymbol{p}^*\right] \mathrm{d}\omega} \tag{7.38}$$

式中 $\boldsymbol{p}_c$——震源补偿波场；

   $\boldsymbol{R}_c$——检波点补偿波场。

由于震源补偿波场和检波点补偿波场都包含指数补偿项，这将导致黏滞声波逆时偏移的不稳定现象。为了避免这种现象，Sun 和 Zhu 提出了稳定化的振幅补偿算子，在频率域有如下形式

$$\boldsymbol{a} = \frac{\langle \mathrm{abs}(\boldsymbol{p}_d) * \mathrm{abs}(\boldsymbol{p}_v) \rangle}{\langle \mathrm{abs}(\boldsymbol{p}_v)^2 \rangle + \varepsilon^2} \tag{7.39}$$

式中 $\boldsymbol{P}_d$——仅包含速度频散项的震源或检波点波场；

   $\boldsymbol{P}_v$——黏滞声波的震源或检波点波场；

   abs——求取振幅谱；

   ε^2——稳定因子；

   $\langle\ \rangle$——平滑处理。

公式(7.39)为稳定化的振幅补偿算子，不包含相位信息。为了进一步校正相位畸变，可以将该振幅补偿算子与仅包含速度频散项的波场相乘，构造得到稳定化的吸收补偿波场

$$\boldsymbol{p}_c = \boldsymbol{a}\boldsymbol{p}_d \tag{7.40}$$

利用公式(7.40)分别对震源波场和检波器波场进行稳定化的吸收补偿，然后应用成像条件式(7.38)，即可得到吸收补偿后的偏移结果。

利用 Marmousi 模型验证了频率域黏滞声波方程逆时偏移的正确性和有效性，图7.5 依次展示了速度模型、密度模型和品质因子模型，模型大小为 375×369，空间采样间隔为5m。炮点和检波点均沿模型顶部从左至右均匀分布，炮间距为50m，道间距为5m。地震子波为峰值频率30Hz的雷克子波，记

录时长 2.0s，时间采样间隔为 0.004s。声波和黏滞声波的单炮地震记录如图 7.6 所示。从图中可看出，黏滞声波的反射信号能量较弱，深部信息模糊，几乎难以识别。

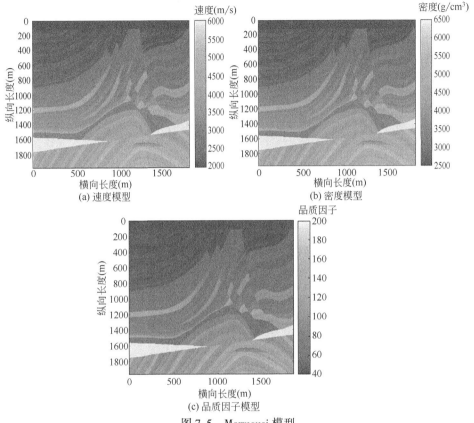

(a) 速度模型

(b) 密度模型

(c) 品质因子模型

图 7.5　Marmousi 模型

　　图 7.7(a) 和 7.7(b) 是利用声波逆时偏移算法对声波地震记录和黏滞声波地震记录进行成像的结果，图 7.7(c) 是利用黏滞声波逆时偏移算法对黏滞声波地震记录进行成像的结果。将如图 7.7(a) 所示的声波偏移结果作为参考，分析黏滞声波逆时偏移的吸收补偿效果。从图 7.7(b) 中可以看出，由于在逆时偏移过程中未进行吸收补偿，该偏移剖面的整体能量明显弱于参考结果，剖面中部的陡倾角同相轴出现不连续现象，且深部的同向轴几乎无法成像。这也说明当地层存在吸收衰减时，利用声波逆时偏移进行处理存在一定的问题。因此，需要进行黏滞声波逆时偏移的研究，从黏滞声波方程逆时偏移结果可以看出，该剖面的地震同相轴能量基本恢复到了参考结果的水平，同相轴不连续现象也得到一定的改善，深部信号也得到了很好的恢复。为了进一步比较黏

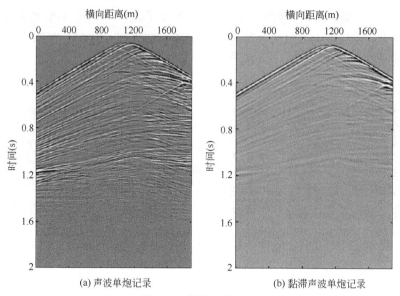

(a) 声波单炮记录   (b) 黏滞声波单炮记录

图 7.6 单炮地震记录

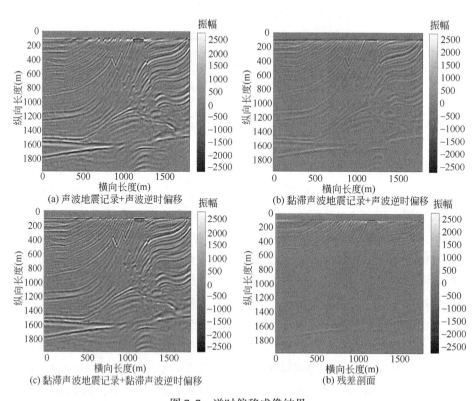

(a) 声波地震记录+声波逆时偏移   (b) 黏滞声波地震记录+声波逆时偏移

(c) 黏滞声波地震记录+黏滞声波逆时偏移   (b) 残差剖面

图 7.7 逆时偏移成像结果

滞声波方程逆时偏移结果与参考结果的差异，可以将两者作差，图7.7(d)展示了两者之间的残差。从残差剖面可以看出，虽然浅层区域仍有部分能量残余，但总体能量不强，这也进一步说明了黏滞声波方程逆时偏移结果的可靠性。

　　为了进一步验证黏滞声波偏移方法的效果，本次采用气烟囱（gas chimney）地质模型进行实验。图7.8分别展示了速度模型和品质因子模型（假设密度为常数），从品质因子模型可以看出，模型中间有一个含气的强衰减区域（$Q=20$）。模型大小为200×369，空间采样间隔为10m。炮点和检波点均沿模型顶部均匀分布，炮间距为100m，道间距为10m。地震子波为峰值频率30Hz的雷克子波，记录时长2.5s，时间采样间隔为0.001s。

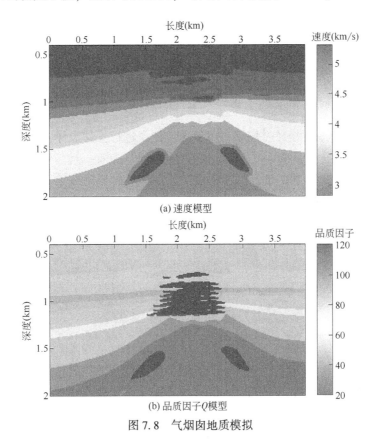

(a) 速度模型

(b) 品质因子Q模型

图7.8　气烟囱地质模拟

　　图7.9(a)和图7.9(b)分别展示了声波和黏滞声波的单炮地震记录（直达波已去除）。与声波单炮记录相比，黏滞声波单炮记录的反射信号能量较弱，分辨率较低，深部信息模糊不清。在黏滞声波记录加入随机噪声，可以得到含

噪声的黏滞声波记录（信噪比为 2dB），如图 7.9（c）所示。由于噪声的干扰，地震记录会产生高频的扰动，这将严重影响后续的偏移成像，本书将其作为验证本方法稳定性好坏的基础数据。

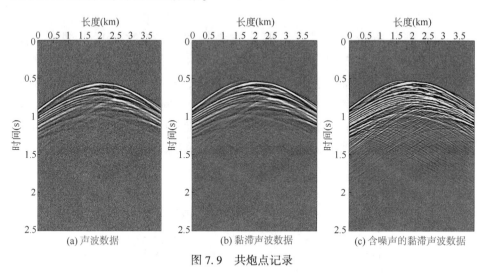

(a) 声波数据　　　　　　(b) 黏滞声波数据　　　　(c) 含噪声的黏滞声波数据

图 7.9　共炮点记录

首先利用声波方程逆时偏移对声波地震记录进行偏移成像，得到逆时偏移结果，如图 7.10（a）所示，该成像结果可以作为参考剖面。然后利用声波方程逆时偏移对黏滞声波地震记录进行偏移成像，得到逆时偏移结果，如图 7.10（b）

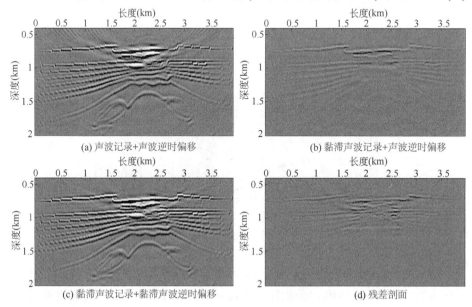

(a) 声波记录+声波逆时偏移　　　　　　　(b) 黏滞声波记录+声波逆时偏移

(c) 黏滞声波记录+黏滞声波逆时偏移　　　　　　(d) 残差剖面

图 7.10　气烟囱模型逆时偏移成像

所示，该剖面是未进行吸收补偿的偏移结果。与参考剖面进行对比可以发现，未进行吸收补偿的偏移结果深层成像质量较差，气烟囱下面的地层没有得到较好的成像，且成像剖面分辨率较低。这也说明当地层存在吸收衰减时，利用声波逆时偏移进行处理存在一定的问题。为此，利用黏滞声波逆时偏移方法对黏滞声波地震记录进行偏移，得到逆时偏移结果，如图 7.10(c) 所示。从图中可以看出，黏滞声波逆时偏移剖面补偿了地层的吸收衰减，气烟囱下方的地层得到了很好的成像，地震资料的分辨率有了一定的提升。为了进一步比较黏滞声波方程逆时偏移结果与参考结果的差异，可以将两者作差，其残差剖面如图 7.10(d) 所示。从残差剖面可以看出，除了浅层区域有少许能量残留外，残差剖面总体能量较弱，说明两种差异很小，这也进一步说明了黏滞声波方程逆时偏移结果的可靠性。

为了进一步验证黏滞声波逆时偏移算法的稳定性，利用该方法对含噪声的黏滞声波数据进行偏移成像。图 7.11 是采用不同稳定化因子的逆时偏移成像结果。当采用较小的稳定化因子（$\varepsilon^2 = 10^{-6}$）时，黏滞声波偏移结果中会出现一些噪声干扰，但是其主要的同向轴都得到了较好的成像。当稳定化因子增大（$\varepsilon^2 = 10^{-4}$）时，黏滞声波偏移结果中的噪声干扰得到了较好的压制，成像剖面整体的信噪比较高。这个实验表明，该黏滞声波逆时偏移算法具有较高的稳定性和成像精度。

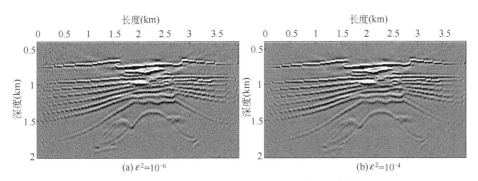

(a) $\varepsilon^2 = 10^{-6}$　　　　　　　　　(b) $\varepsilon^2 = 10^{-4}$

图 7.11　采用不同稳定化因子的逆时偏移成像结果

 分步法黏滞声波偏移

除了黏弹性偏移方法本身的精度之外，在实际地震数据处理过程中，Q 模型精度和高频噪声的放大效应是实际地震数据黏弹性偏移所面临的更大困难。与速度反演不同，Q 反演基于地震波场在不同深度的频率变化，这种变化很容易受到噪声因素和波场干涉的影响，因此，对于实际地震数据而言，Q 建模是一项颇具挑战性的工作。另外，黏弹性偏移的波场反向延拓是一个能量指数放大的过程，为了延拓过程的稳定性和避免高频噪声的放大效应，不得不对吸收补偿的增益和频率进行某种限制，这些限制策略削弱了高频分量的补偿精度。因此，虽然从理论上讲，黏弹性偏移能大幅度提高地震数据的分辨率和成像精度，但是，实际地震数据黏弹性偏移之后的分辨率往往达不到用户预期的效果。基于黏弹性偏移技术在实际应用中的以上问题，为了更好地发挥黏弹性偏移方法的理论优势，推动黏弹性偏移技术的工业化应用，中国石油大学（北京）李国发等提出了一种简化版黏弹性偏移方法——分步黏弹性偏移。

该方法的基本思想和做法是：首先对地震数据进行常规的叠前时间/深度偏移，产生并输出 CRP 道集；然后，对 CRP 道集进行横向吸收补偿，消除地层吸收对不同炮检距地震反射的影响，这种影响既包含对 AVO 反射振幅的畸变效应，也包含对远近炮检距频率特征的改造作用；接下来，对横向补偿之后的叠加数据进行声波反偏移，恢复黏弹性介质中零炮检距地震响应；最后，再对零炮检距地震数据进行黏滞声波偏移，得到黏滞声波叠前偏移的地震数据。与常规的黏弹性叠前偏移方法相比，该方法将地层吸收分解为与炮检距有关的横向分量和与反射时间有关的纵向分量。其中，与整体吸收相比，横向分量要小得多，因此，横向补偿不需要进行增益和频率限制，能够完全恢复地层横向吸收对高频和低频信号的影响。另外，由于对纵向吸收采用了黏弹性叠后偏移的补偿策略，具有更好的稳定性和抗噪性。除了以上优点之外，这种分拆式处理策略也赋予黏弹性补偿更大的灵活性。例如，在第一步利用声波偏移产生 CRP 道集时，用户可以使用任何软件和任何方法，包括各向异性偏移方法，避免了过分依赖黏弹性偏移方法本身，而无法与现有偏移软件和偏移方法进行结合的问题。

7.3.1 反偏移基本原理

反偏移（demigration）是一种在 20 世纪 90 年代发展起来的地震成像方法，其目的是将深度偏移的结果再映射到时间域。在这个过程中，速度模型、观测系统及输出波场的类型都可以与偏移过程有所不同。如果速度模型、观测系统及输出波场的类型都与偏移过程中所使用的相同，反偏移就是偏移的逆变换。下面仅以 f-k 偏移为例，说明偏移和反偏移的实现过程。

声波方程表示为

$$\frac{\partial^2 u(x,z,t)}{\partial x^2}+\frac{\partial^2 u(x,z,t)}{\partial y^2}-\frac{1}{v^2}\frac{\partial^2 u(x,z,t)}{\partial t^2}=0 \tag{7.41}$$

对方程两端参数 x、t 作二维傅里叶变换得

$$\frac{\partial^2 U(k_x,z,\omega)}{\partial z^2}+\left(\frac{\omega^2}{v^2}-k_x^2\right)U(k_x,z,\omega)=0 \tag{7.42}$$

式中 k_x——x 方向上的波数；

ω——角频率。

式(7.42) 的上行波通解可以表示为

$$U(k_x,z,\omega)=U(k_x,z=0,\omega)\exp(ik_zz) \tag{7.43}$$

式中 k_z——z 方向上的波数，且 $k_z=\sqrt{\frac{\omega^2}{v^2}-k_x^2}$。

根据爆炸反射界面原理，偏移场 $M(x,z)$ 可以表示为反向外推波场 $u(x,z,t)$ 在 $t=0$ 时刻的值，有

$$M(x,z)=u(x,z,t=0)=\frac{1}{4\pi^2}\int_{-\infty}^{\infty}\int_{-\infty}^{\infty}U(k_x,z,\omega)\exp(ik_xx)\mathrm{d}k_x\mathrm{d}\omega \tag{7.44}$$

式(7.44)中，对 k_x 的积分是一个 Fourier 变换，但是对 ω 的积分却不是，因此不能直接使用快速傅里叶变换进行计算。

为了能利用快速傅里叶变换进行计算，利用频散关系 $\omega=vk$ 以及 $\frac{\omega^2}{v^2}=k^2=k_x^2+k_z^2$，把对 ω 的积分转换成为对 k_z 的积分，有

$$\mathrm{d}\omega=\frac{vk_z}{k}\mathrm{d}k_z \tag{7.45}$$

将公式(7.45)代入公式(7.44)，偏移场 $M(x,z)$ 可以修改为

$$M(x,z)=\frac{1}{4\pi^2}\int_{-\infty}^{\infty}\int_{-\infty}^{\infty}U(k_x,k_z)\exp[i(k_xx+k_zz)]\mathrm{d}k_x\mathrm{d}k_z \tag{7.46}$$

根据频散关系，可以得出以下关系

$$U(k_x,z=0,\omega)=U(k_x,z=0,vk) \tag{7.47}$$

进而可以得出如下关系

$$U(k_x,k_z)=U(k_x,z=0,\omega)\frac{vk_z}{k} \tag{7.48}$$

将公式(7.48)代入公式(7.46)，可得

$$M(x,z) = \frac{1}{4\pi^2} \int_{-\infty}^{\infty} \int_{-\infty}^{\infty} U(k_x, z=0, \omega) \exp\left[i(k_x x + k_z z) \right] \frac{vk_z}{k} dk_x dk_z \quad (7.49)$$

反偏移问题在数学上可以归结为，对已知二维偏移场 $M(x,z)$ 求取变换，得到地表接收的波场 $u(x,z,t=0)$。可以对偏移场进行如下变换

$$\overline{M}(k_x, k_z) = U(k_x, k_z) = U(k_x, z=0, vk) \frac{vk_z}{k} \quad (7.50)$$

地表接收波场表示为

$$U(k_x, z=0, \omega) = \frac{k}{vk_z} \overline{M}(k_x, k_z) \quad (7.51)$$

代入频散关系，消除上式中的波数 k_z 后，有

$$U(k_x, z=0, \omega) = \frac{k}{v\sqrt{\dfrac{\omega^2}{v^2} - k_x^2}} \overline{M}\left(k_x, \sqrt{\frac{\omega^2}{v^2} - k_x^2}\right) \quad (7.52)$$

将上述公式变换到时间域，就完成了反偏移处理，如下

$$u(x, z=0, t) = \frac{1}{4\pi^2} \int_{-\infty}^{\infty} \int_{-\infty}^{\infty} U(k_x, z=0, \omega) \exp(i(\omega t + k_x x)) dk_x d\omega \quad (7.53)$$

图 7.12 和图 7.13 分别是碳酸盐岩缝洞型地质模型及其对应的零炮检距地震剖面，潜山面和缝洞体的绕射波相互交织，波场十分复杂。图 7.14 是零炮检距波场偏移成像之后的结果，反射能量和绕射能量均得到很好的收敛和聚焦。图 7.15 是对成像结果进行反偏移之后的地震记录，较好地恢复了图 7.13 中零炮检距地震数据的反射特征。

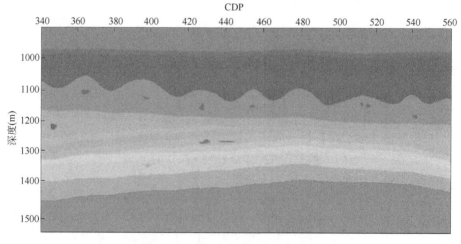

图 7.12　碳酸盐岩缝洞型地质模型

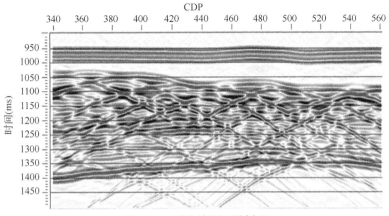

图 7.13　零炮检距地震剖面

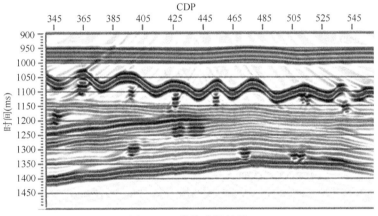

图 7.14　偏移成像结果

7.3.2　单程波黏滞声波偏移的基本理论

黏滞声波方程可以表示为

$$\frac{\partial^2 u}{\partial x^2} + \frac{\partial^2 u}{\partial z^2} + \frac{\omega^2}{M(x,z,\omega)/\rho} u = 0 \qquad (7.54)$$

式中　$u(x,z,t)$ ——二维波场；

ω——角频率；

ρ——介质密度；

$M(x,z,\omega)$ ——黏弹性复模量。

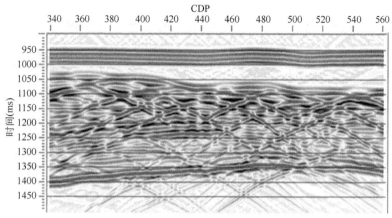

图 7.15 对成像剖面进行反偏移结果

黏弹性介质中的速度为复数，且

$$v(\omega) = \sqrt{\frac{M(x,y,\omega)}{\rho(x,y)}} \tag{7.55}$$

对式（7.54）进行二维傅里叶变换，可得

$$\frac{\partial^2 u(k_x,z,\omega)}{\partial z^2} + \left[\frac{\omega^2}{v^2(\omega)} - k_x^2\right] u(k_x,z,\omega) = 0 \tag{7.56}$$

其波场延拓过程表示为

$$u(k_x,z+\Delta z,\omega) = u(k_x,z,\omega)\exp\left[\mathrm{i}\sqrt{\frac{\omega^2}{v^2(\omega)} - k_x^2}\,\Delta z\right] \tag{7.57}$$

式中，$u(k_x,z+\Delta z,\omega)$、$u(k_x,z,\omega)$——深度为 $z+\Delta z$ 以及 z 时的波场。

令 $p(k_x,\omega)$ 是波场延拓算子，有

$$p(k_x,\omega) = \exp\left[\mathrm{i}\sqrt{\frac{\omega^2}{v^2(\omega)} - k_x^2}\,\Delta z\right] \tag{7.58}$$

从式（7.58）可以看出，黏滞声波偏移和声波偏移在波场延拓的形式上完全一致，所不同的是，黏滞声波延拓算子中的速度和波数均为复数。

在黏弹性介质中，相速度的表达式为

$$v(\omega) = v_0(\omega)\left(\frac{\omega}{\omega_0}\right)^{\gamma} \tag{7.59}$$

其中

$$\gamma = \frac{2}{\pi}\arctan\left(\frac{1}{2Q}\right) \approx \frac{1}{\pi Q}$$

令 $\alpha = \dfrac{1}{2Q}$，则式（7.59）近似为

$$v(\omega) \approx \frac{v_0(\omega)}{1-\mathrm{i}\alpha} \tag{7.60}$$

复波数 k 表示为

$$k = \frac{\omega}{v_0}(1-\mathrm{i}\alpha) = k_R + \mathrm{i}k_I \tag{7.61}$$

其中 $\qquad\qquad\qquad\qquad k_R = \omega/v_0, \quad k_I = \alpha\omega/v_0$

波场延拓算子中的垂向波数表示为

$$k_z = \sqrt{\frac{\omega^2}{v^2(\omega)} - k_x^2} = \sqrt{(k_R + \mathrm{i}k_I)^2 - k_x^2} \tag{7.62}$$

令 $\qquad\qquad\qquad \beta = \sqrt{(k_R^2 - k_I^2 - k_x^2)^2 + (2k_R k_I)^2} \tag{7.63}$

$$\theta = \arctan\left(\frac{2k_R^2 k_I^2}{k_R^2 - k_I^2 - k_x^2}\right) \tag{7.64}$$

则垂向波数简化为

$$k_z = \sqrt{\beta \mathrm{e}^{\mathrm{i}\theta}} = \sqrt{\beta}\,\mathrm{e}^{\mathrm{i}\frac{\theta}{2}} \tag{7.65}$$

式（7.65）进一步改写为

$$k_z = k_z^R - \mathrm{i}k_z^I \tag{7.66}$$

其中 $\qquad\qquad\qquad\qquad k_z^R = \sqrt{\beta}\cos\frac{\theta}{2} \tag{7.67}$

$$k_z^I = -\sqrt{\beta}\sin\frac{\theta}{2} \tag{7.68}$$

此时，黏滞声波延拓过程表示为

$$u(k_x, z+\Delta z, \omega) = u(k_x, z, \omega)\exp\left[\mathrm{i}k_z^R(\omega)\Delta z\right]\exp\left[k_z^I(\omega)\Delta z\right] \tag{7.69}$$

式中包含两个指数项，第一项是时移和频散校正项，第二个为振幅补偿项。第一项是无条件稳定的，而振幅补偿项是不稳定的，需要采用稳定化补偿策略进行处理。

7.3.3 应用实例分析

首先介绍一个该方法在大港油田的应用实例，该地区利用微测井地震进行了地表吸收结构调查，且利用 VSP 数据进行了地下吸收结构反演，因此，所建立的全深度吸收结构模型相对比较可靠。图 7.16（a）是不考虑地层吸收的情

况下克希霍夫叠前时间偏移的结果，图7.16(b)是对其进行横向吸收补偿之后的偏移结果，如图中的箭头所示，由大炮检距经历了更多的吸收衰减，其反射振幅相对变弱。横向吸收补偿之后，这种由吸收引发的振幅畸变得到了校正和补偿。除此之外，不同炮检距吸收效应的差异使得地震反射的频率成分沿炮检距方向发生变化，导致不同炮检距地震反射特征和波组关系发生变化，这种差异削弱了 CRP 道集在横向上的同相性，降低了 CRP 叠加的质量。如图 7.16 中的圆圈所示，由于大炮检距吸收强、频率低，近炮检距上的两个同相轴在大炮检距时干涉为一个同相轴，降低了 CRP 道集的同相性。横向吸收补偿之后，远近炮检距的吸收差异得到补偿，其反射特征和波组关系趋于一致。

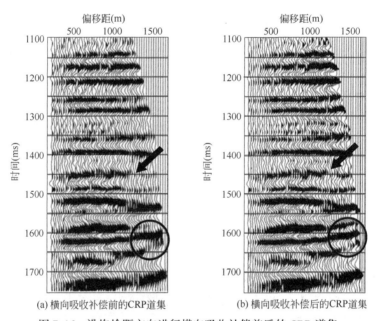

(a) 横向吸收补偿前的CRP道集 (b) 横向吸收补偿后的CRP道集

图 7.16 沿炮检距方向进行横向吸收补偿前后的 CRP 道集

对横向吸收补偿之后的 CRP 道集进行叠加，再对叠加数据进行反偏移，得到黏弹性介质零炮检距地震响应。然后，对其进行黏滞声波偏移。图 7.17 显示了这种分步黏弹性偏移的结果及其与常规偏移的对比情况。可以看出，分步黏滞声波偏移之后，横向分辨率和纵向分辨率均得到了有效改善。图中圆圈所标注的是潜山顶面反射，消除地层吸收和频散效应之后，地震子波的旁瓣和续至相位得到有效压缩，潜山顶面的反射更加聚焦和清晰。图 7.18 是两种偏移方法在时间切片上的对比情况。整体而言，黏弹性偏移的结果更清晰地刻画了地质结构的空间变化，揭示了更多地质现象的变化细节。如图中虚线圆圈和箭头所示，在常规切片上没有显示出来的古河道，在黏滞声波偏移的切片上得到了较好体现。

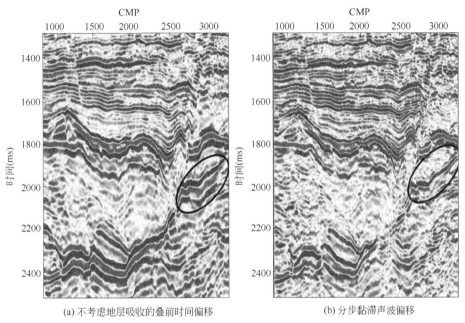

(a) 不考虑地层吸收的叠前时间偏移　　　　　(b) 分步黏滞声波偏移

图 7.17　常规偏移与分步黏滞声波偏移的成像剖面对比

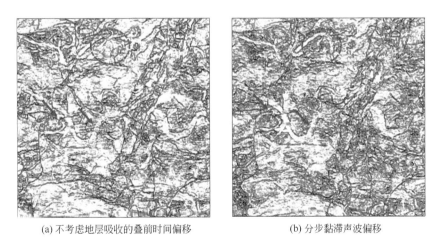

(a) 不考虑地层吸收的叠前时间偏移　　　　　(b) 分步黏滞声波偏移

图 7.18　常规偏移与分步黏滞声波偏移的时间切片对比

　　下面再介绍一个该方法在塔里木盆地的应用实例，该地区的主要目的层为碳酸盐岩缝洞型储层，缝洞体的聚焦和定位是地震资料处理的关键。该地区地表被沙漠覆盖，目的层埋深在 7000m 左右，地震波在地表和上覆地层经历强烈的吸收衰减作用。图 7.19 是不考虑吸收的叠前偏移道集及其横向吸收补偿之后的结果。由于消除了不同炮检距吸收效应的差异，CRP 道集中远近炮检距地震反射的一致性得到了明显改善。图 7.20 是横向吸收补偿前后 CRP 道集叠加的结果，尽管两者在整体特征上没有太大差异，但吸收补偿之后地震反射的波组关系和聚焦性能有所改善。

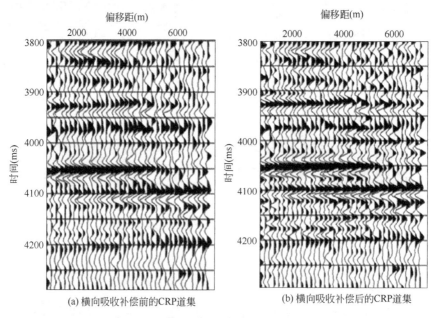

(a) 横向吸收补偿前的CRP道集　　　　(b) 横向吸收补偿后的CRP道集

图 7.19　横向吸收补偿前后的 CRP 道集

　　然后对横向吸收补偿的叠加数据进行零炮检距反偏移，得到如图 7.21 所示的零炮检距剖面，该地震剖面展示了主要目的层在零炮检距剖面上的黏弹性反射特征。图 7.22 是对零炮检距黏弹性响应进行黏滞声波偏移的结果，为方便对比，将其与图 7.20 中不考虑吸收的叠前偏移结果放在一起进行了显示。可以看出，采用本方法之后，不仅提高了成像结果的纵向分辨率，缝洞反射的聚焦性能和分辨能力也得到了显著改善。图 7.23 是两者在时间切片上的对比情况。如图中箭头所示，缝洞体的形态和边界在本方法的时间切片上得到了更为准确的描述和刻画。

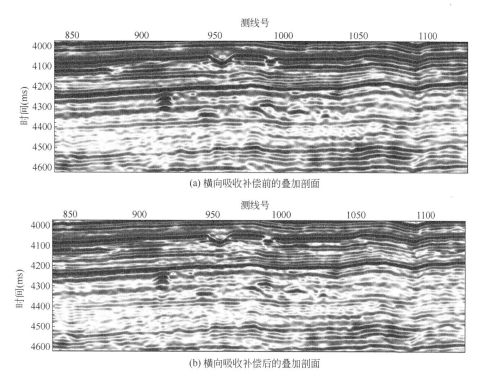

(a) 横向吸收补偿前的叠加剖面

(b) 横向吸收补偿后的叠加剖面

图 7.20　横向吸收补偿前后的叠加剖面

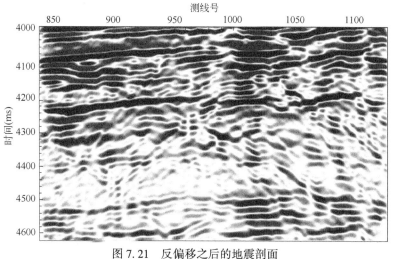

图 7.21　反偏移之后的地震剖面

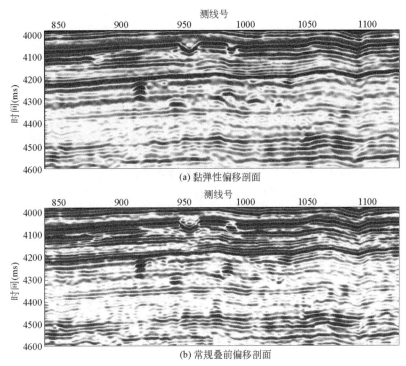

图 7.22　对反偏移结果再进行黏弹性偏移与常规叠前偏移剖面效果对比

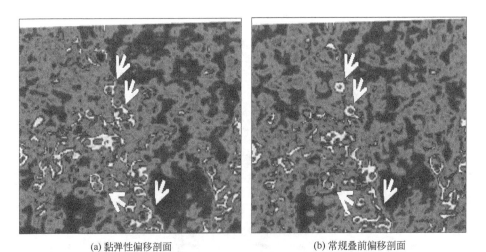

(a) 黏弹性偏移剖面　　　　　　　　(b) 常规叠前偏移剖面

图 7.23　黏弹性偏移与常规叠前偏移后相干切片效果对比

思考题和习题

1. 偏移吸收补偿的主要优势是什么，可以通过哪些方法实现？

2. 黏滞声波积分法偏移的实现过程是什么，有什么优点？

3. 频率域黏滞声波逆时偏移的优点是什么？

4. 逆时偏移的实现步骤是什么？

5. 频率域黏滞声波方程有限差分法正演模拟过程是什么？

6. 黏滞声波方程逆时偏移的实现过程是什么？

7. 分步黏滞声波偏移的基本思想和做法是什么？

参考文献

李国发，郑浩，祝文亮，等，2016. 井地联合近地表 Q 因子层析反演. 应用地球物理，13
（1）：93-102.

李庆忠，1993. 走向精确勘探的道理. 北京：石油工业出版社.

陆基孟，王永刚，2008. 地震勘探原理. 东营：中国石油大学出版社.

牟永光，陈小宏，李国发，等，2007. 地震数据处理方法. 北京：石油工业出版社.

Abma R，Claerbout J F，1995. Lateral prediction for noise attenuation by t-x and f-x techniques.
Geophysics，60（6）：1887-1896.

Azimi S A，Kalinin A V，Kalinin V V，et al，1968. Impulse and transient characteristics of media
with linear and quadratic absorption laws. Izvestiya-Physics of Solid Earth，2（2）：88-93.

Ben-Menahem A，Singh S J，1981. Seismic waves and sources. New York：Springer-Verlag.

Berenger J P，2015. A perfectly matched layer for the absorption of electromagnetic waves. Physics
of Plasmas，114（2）：185-200.

Bickel S H，Natarajan R，1985. Plane-wave Q deconvolution. Geophysics，50（9）：1426-1439.

Boit M A，1956. Theory of propagation of elastic waves in a fluid-saturated porous solid I：Low-
frequency range. Journal of Astronautical Society of America，28（2）：168-179.

Boit M A，1956. Theory of propagation of elastic waves in a fluid-saturated porous solid II：Higher-
frequency range. Journal of Astronautical Society of America，28（2）：179-191.

Braga S，Moraes S，2013. High - resolution gathers by inverse Q filtering in the wavelet
domain. Geophysics，78（2）：53-61.

Canales L，1984. Random noise reduction. Expanded Abstracts of 54th Annual International SEG
meeting：525-527.

Causse E，Ursin B，2000. Viscoacoustic reverse-time migration. Journal of Seismic Exploration，
9（2）：165-184.

Clapp R G，Biondi B，Claerbout J F，2004. Incorporating geologic information into reflection
tomography. Geophysics，69（2）：533-546.

Cole K S，Cole R H，1941. Dispersion and absorption in dielectrics I：Alternating current charac-
teristics. Journal of Chemical Physical，9（4）：341-351.

Dasgupta R，Clark R A，1998. Estimation of Q from surface seismic reflection data. Geophysics，
63（6）：2120-2128.

Deng F，McMechan G A，2008. Viscoelastic true - amplitude prestack reverse - time depth
migration. Geophysics，73（4）：S143-S155.

Duquet B，Marfurtz J K，Dellinger J A，2000. Kirchhoff modeling，inversion for reflectivity，and
subsurface illumination. Geophysics，65（4）：1195-1209.

Futterman W I，1962. Dispersive body waves. Journal of Geophysical Research，67（13）：5279-5291.

Gassmann F, 1951. Elastic waves through a packing of spheres. Geophysics, 16 (4): 673-685.

Gulunay N, 1986. FXDECON and complex Wiener prediction filter. Expanded Abstracts of 56th Annual International SEG meeting: 279-281.

Hargreaves N D, Calvet A J, 1991. Inverse Q filtering by Fourier transform. Geophysics, 56 (4): 519-527.

Hatherly P J, 1986. Attenuation measurements on shallow seismic refraction data. Geophysics, 51 (2): 250-254.

Hauge P S, 1981. Measurements of attenuation from vertical seismic profiles. Geophysics, 46 (11): 1548-1558.

Hustedt B, Operto S, Virieux J, 2004. Mixed-grid and staggered-grid finite-difference methods for frequency-domain acoustic wave modelling. Geophysical Journal International, 157 (3): 1269-1296.

Jo C H, Shin C, Suh J H, 1996. An optimal 9-point, finite-difference, frequency-space, 2-D scalar wave extrapolator. Geophysics, 61 (2): 529-537.

Kjartansson E, 1979. Constant Q wave propagation and attenuation. Journal of Geophysical Research, 84 (B9): 4737-4748.

Knopoff L, MacDonald G J F, 1958. Attenuation of small amplitude stress waves in solids. Reviews of Modern Physics, 30 (4): 1178-1192.

Kolsky H, 1956. The propagation of stress pulses in viscoelastic solids. Philosophical Magazine, 1 (8): 693-710.

Li G F, Liu Y, Zheng H, et al, 2015. Absorption decomposition and compensation via a two-step scheme. Geophysics, 80 (6): V145-V155.

Li G F, Qin D H, Peng G X, et al, 2013. Experimental analysis and application of sparse-constrained deconvolution. Applied Geophysics, 10 (2): 191-200.

Margrave G F, 1998. Theory of nonstationary linear filtering in the Fourier domain with application to time-variant filtering. Geophysics, 63 (1): 244-259.

Mavko G, Nur A, 1975. Melt squirt in the asthenosphere. Journal of Geophysical Research, 80 (11): 1444-1448.

McDonal F J, Angona F A, Mills R L, et al, 1958. Attenuation of shear and compressional waves in Pierre shale. Geophysics, 23 (3): 421-439.

Mittet R, Sollie R, Hokstad K, 1995. Prestack depth migration with compensation for absorption and dispersion. Geophysics, 60 (5): 1485-1494.

Muller G, 1983. Rheological properties and velocity dispersion of a medium with power-law dependence of Q on frequency. Journal of Geophysics, 54 (1): 20-29.

Murphy W, Reischer A, Hsu K, 1993. Modulus docomposition of compressional and shear velocities in sand bodies. Geophysics, 58 (2): 227-239.

O'Doherty R F, Anstey N A, 1971. Reflections on amplitudes. Geophysical Prospecting, 19 (3): 430-458.

Quan Y, Harris J M, 1997. Seismic attenuation tomography using the frequency shift method. Geophysics, 62 (3): 895-905.

Reine C, Clark R, van der Baan M, 2012. Robust prestack Q-determination using surface seismic data: Part 1 Method and synthetic examples. Geophysics, 77 (1): 45-56.

Shapiro S A, Zien H, 1993. The O'Doherty-Anstey formula and localization of seismic waves. Geophysics, 58 (5): 736-740.

Shapiro S A, Zien H, Hubral P, 1994. A generalized O'Doherty-Anstey formula for waves in finely layered media. Geophysics, 59 (11): 1750-1762.

Strick E, 1967. The determination of Q, dynamic viscosity and transient creep curves from wave propagation measurements. Geophysical Journal of the Royal Astronautical Society, 13 (1-3): 197-218.

Tonn R, 1991. The determination of the seismic quality factor Q from VSP data: A comparison of different computational methods. Geophysical Prospecting, 39 (1): 1-27.

Vardy M E, Henstock T J, 2010. A frequency-approximated approach to Kirchhoff migration, Geophysics, 75 (6): S211-S218.

Wang S D, Chen X H, 2014. Absorption-compensation method by L1-norm regularization. Geophysics, 79 (3): V107-V114.

Wang Y H, 2002. A stable and efficient approach of inverse Q filtering. Geophysics, 67 (2): V657-V663.

Wang Y H, Guo J, 2004. Modified Kolsky model for seismic attenuation and dispersion. Journal of Geophysics and Engineering, 1 (3): 187-196.

Wang Y H, 2006. Inverse Q-filter for seismic resolution enhancement. Geophysics, 71 (3): V51-V60.

Wang Y, 2007. Inverse-Q filtered migration. Geophysics, 73 (1): S1-S6.

White R M, Voltmer F W, 1965. Direct piezoelectric coupling to surface elastic waves. Applied physics letters, 7 (12): 314-316.

Wu R S, 1985. Multiple scattering and energy transfer of seismic waves—Separation of scattering effect from intrinsic attenuation I: Theoretical modelling. Geophysical Journal of the Royal Astronomical Society, 82 (1): 57-80.

Wu R S, Aki K, 1988. Multiple scattering and energy transfer of seismic waves—Separation of scattering effect from intrinsic attenuation II: Application of the theory to Hindh Kush region. Pure and Applied Geophysics, 128: 49-80.

Zener C, 1948. Elasticity and Anelasticty of Metal. Chicago: University of Chicago Press.

Zhang C, Ulrych T J, 2002. Estimation of quality factors from CMP records. Geophysics,

67（5）：1542-1547.

Zhang C，Ulrych T J，2007. Seismic absorption compensation：A least squares inverse scheme. Geophysics，72（6）：R109-R114.

Zhang J F，Wapenaar K，2002. Wavefield extrapolation and prestack depth migration in anelstic inhomogeneous media. Geophysical Prospecting，50（6）：629-643.

Zhang J F，Wu J Z，Li X Y，2012. Compensation for absorption and dispersion in prestack migration：An effective Q approach. Geophysics，78（1）：S1-S14.

Zhang Y，Zhang P，Zhang H，2010. Compensating for visco-acoustic effects in reverse-time migration. SEG Technical Program Expanded Abstracts 2010. Society of Exploration Geophysicists：3160-3164.

Zhu T，Harris J M，Biondi B，2014. Q-compensated reverse-time migration. Geophysics，79（3）：S77-S87.

附录

地层吸收分解
推导过程

如图 5.1 所示，假设水平层状介质的速度、厚度以及吸收因子分别为 v_i、h_i、α_i。根据 Snell 定律，地震波传播的水平慢度可定义为

$$p = \frac{\sin\theta_i}{v_i}, i = 1, 2, \cdots, n \qquad (A.1)$$

炮点 S 与检波点 G 之间的距离 x，即炮检距，可表示为

$$x = \sum_{i=1}^{n} 2h_i \tan\theta_i \qquad (A.2)$$

在炮检距较小的情况下，地震波在每套地层中的入射角 θ_i 也较小，即 $\tan\theta_i \approx \sin\theta_i$，方程 (A.2) 可改写为

$$x = \sum_{i=1}^{n} 2h_i v_i p \qquad (A.3)$$

由式 (A.3) 可知，水平慢度 p 可以定义成炮检距 x、厚度 h_i 以及层速度 v_i 的函数

$$p = \frac{x}{\sum_{i=1}^{n} 2h_i v_i} \qquad (A.4)$$

地震波在第 i 层介质中垂直传播的双程旅行时表示为

$$\Delta t_{0,i} = \frac{2h_i}{v_i} \qquad (A.5)$$

将式 (A.5) 代入式 (A.4) 中，可得

$$p = \frac{x}{\sum_{i=1}^{n} v_i^2 \Delta t_{0,i}} = \frac{x}{v_{\text{rms},n}^2 t_{0,n}} \qquad (A.6)$$

式中　$t_{0,n}$——零炮检距地震波双程旅行时，$t_{0,n} = \sum_{i=1}^{n} \Delta t_{0,i}$ ；

v_{rms}——地层的均方根速度。

地震波在第 i 层介质中的传播时间 Δt_i 可表示为

$$\Delta t_i = \frac{2h_i}{v_i \cos\theta_i} = \frac{2h_i}{v_i \sqrt{1 - v_i^2 p^2}} \tag{A.7}$$

省略比 $v_i^2 p^2$ 阶数更高的高次项，公式（A.7）可近似为

$$\Delta t_i = \Delta t_{0,i}\left(1 + \frac{1}{2}v_i^2 p^2\right) \tag{A.8}$$

地震波在 n 层水平层状介质中传播所经历的吸收衰减可表示为

$$g(t_0, x, f) = \exp\left[c(f)\sum_{i=1}^{n}\alpha_i \Delta t_i\right] \tag{A.9}$$

其中

$$c(f) = -\pi f + \mathrm{i}2f\ln\left|\frac{f}{f_r}\right| \tag{A.10}$$

将式（A.8）代入式（A.9）中，得到

$$g(t_0, x, f) = \exp\left[c(f)\sum_{i=1}^{n}\alpha_i \Delta t_{0,i}\right]\exp\left[\frac{c(f)p^2}{2}\sum_{i=1}^{n}\alpha_i \Delta t_{0,i} v_i^2\right] \tag{A.11}$$

再将式（A.6）代入式（A.11）中，得到

$$g(t_0, x, f) = \exp\left[c(f)\sum_{i=1}^{n}\alpha_i \Delta t_{0,i}\right]\exp\left[c(f)\frac{\sum_{i=1}^{n}\alpha_i v_i^2 \Delta t_{0,i}}{2v_{rms,n}^4 t_{0,n}^2}x^2\right] \tag{A.12}$$

将剩余时差表达式 $t_{nmo} = x^2/(2t_{0,n}v_{rms,n}^2)$ 代入式（A.12），得到

$$g(t_0, x, f) = \exp\left[c(f)\sum_{i=1}^{n}\alpha_i \Delta t_{0,i}\right]\exp\left[c(f)\frac{\sum_{i=1}^{n}\alpha_i v_i^2 \Delta t_{0,i}}{v_{rms,n}^2 t_{0,n}}t_{nmo}\right] \tag{A.13}$$

将 $\alpha_{t_0}^{eff}$ 定义为与深度有关的等效吸收因子，有

$$\alpha_{t_0}^{eff} = \frac{\sum_{i=1}^{n}\alpha_i \Delta t_{0,i}}{t_{0,n}} \tag{A.14}$$

将 α_x^{eff} 定义为与炮检距有关的等效吸收因子，有

$$\alpha_x^{eff} = \frac{\sum_{i=1}^{n}\alpha_i v_i^2 \Delta t_{0,i}}{\sum_{i=1}^{n}v_i^2 \Delta t_{0,i}} = \frac{\sum_{i=1}^{n}\alpha_i v_i^2 \Delta t_{0,i}}{v_{rms,n}^2 t_{0,n}} \tag{A.15}$$

根据上述推导，地震波在 n 层水平层状介质中传播所经历的吸收衰减可表示为

$$g(t_0, x, f) = g_0(t_0, f) g_x(x, f) \tag{A.16}$$

其中

$$g_0(t_0, f) = \exp\left[c(f) \alpha_{t_0}^{\text{eff}} t_{0,n}\right] \tag{A.17}$$

$$g_x(x, f) = \exp\left[c(f) \alpha_x^{\text{eff}} t_{\text{nmo}}\right] \tag{A.18}$$

式中　$g_0(t_0, f)$ ——与深度有关的地层吸收分量；

　　　$g_x(x, f)$ ——与炮检距有关的地层吸收分量。